室内设计
节点工艺构造手册
顶棚

锦唐艺术　编著

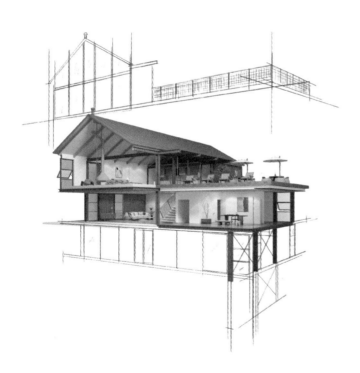

辽宁美术出版社

内容简介

本套系列书共分为六册，分别为"顶棚""墙柱面""地面""门窗、幕墙及交接面""楼梯、护栏及卫生间""光环境、声环境及热环境"。先是从室内空间的三种界面类型顶、墙、地系统地介绍室内装饰工程中常见的节点及对应的具体施工办法，再针对室内空间中的一些特殊部位，如门窗、楼梯等位置进行深入解析。利用CAD节点图和三维示意图进行系统剖析，方便读者对复杂的节点和工艺进行理解和学习，同时实景图还能让读者立刻了解到该节点图和工艺的最终呈现效果，方便读者在工作中选择适合的CAD节点图。

本书内容图文并茂，实用性强，主要供设计师、设计专业的学生以及施工人员进行学习和参考。

图书在版编目（CIP）数据

室内设计节点工艺构造手册. 顶棚 ／ 锦唐艺术编著.
—沈阳：辽宁美术出版社，2023.1
ISBN 978-7-5314-9199-6

Ⅰ．①室… Ⅱ．①锦… Ⅲ．①住宅－顶棚－室内装饰
设计－手册 Ⅳ．①TU241-62

中国版本图书馆CIP数据核字（2022）第100511号

出 版 者：辽宁美术出版社
地　　　址：沈阳市和平区民族北街29号　邮编：110001
发 行 者：辽宁美术出版社
印 刷 者：北京军迪印刷有限责任公司
开　　　本：889mm×1194mm　1/16
印　　　张：17.5
字　　　数：200千字
出版时间：2023年1月第1版
印刷时间：2023年1月第1次印刷
责任编辑：严赫
版式设计：理想·宅
封面设计：理想·宅
责任校对：郝刚
ISBN 978-7-5314-9199-6
定　　　价：1980.00元（全六册）

邮购部电话：024-83833008
E-mail：lnmscbs@163.com
http://www.lnmscbs.cn
图书如有印装质量问题请与出版部联系调换
出版部电话：024-23835227

前 言

　　室内装饰工程中，节点图是施工图纸中重要的组成部分，同时也是让设计落地的重要步骤。节点图对设计师来讲，解决的核心问题是采取什么方式将饰面材料或制品连接固定到建筑主体上，以及互相之间的衔接、收口、饰边、填缝等问题。没有准确的节点图，再好的设计都只能停留在效果图阶段而无法实现。因此认真学习节点图的构造，掌握具体的施工工艺，才能使方案设计中的每一处都完美地展现出来，达到预想的效果。

　　本书共分为六册，分别为"顶棚""墙柱面""地面""门窗、幕墙及交接面""楼梯、护栏及卫生间""光环境、声环境及热环境"。其中"顶棚""墙柱面""地面"是室内空间中最基础的建筑结构，"门窗、幕墙及交接面""楼梯、护栏及卫生间""光环境、声环境及热环境"则是室内空间中必不可少的特殊结构。本书针对每个工艺节点都提供了CAD图，方便设计师在深化设计时选择对应的节点进行使用。同时利用对应的三维示意图进行解析，分析每个节点的具体施工工艺，将专业的内容通俗化，以帮助设计师掌握工艺的精髓，在与施工人员交底的时候更好地进行沟通。书中还配有相应的实景图赏析，让设计师了解不同节点图最终落地的成品效果，能够根据想要的效果来选择相应的节点图，方便查阅。并且针对不同的饰面材料进行了一定的分类解析，令设计师能够对饰面材料有更加深入的了解，方便设计时根据需求选用。

　　本书内容适用性和实际操作性较强，主要供设计师、设计专业的学生以及施工人员进行学习和参考。书中的尺寸都是一般情况下的常见尺寸，仅供参考，具体施工尺寸要参考施工现场的实际情况。由于编写时间和水平有限，尽管编者尽心尽力，反复推敲核实，但难免有疏漏及不妥之处，恳请广大读者批评指正，以便做进一步的修改和完善。

目 录 CONTENTS

1

石膏板顶棚节点

石膏板做顶棚通常会使用纸面石膏板。纸面石膏板具有质轻、施工简单等特点，是施工中常用的顶棚材料。根据需求来选择单层纸面石膏板或双层纸面石膏板，通常单层纸面石膏板厚 9.5mm，双层纸面石膏板就是两块纸面石膏板重叠使用，总厚 19mm。双层纸面石膏板会比单层的整体性、抗裂性更强，防潮性、耐久性、防火性能、隔声性能等都会相应增强。应根据实际使用场景来确定该选择单层还是双层纸面石膏板。

纸面石膏板根据具体情况采用不同的吊顶做法，根据纸面石膏板的类型分为单层、双层纸面石膏板以及其他与纸面石膏板相关的顶棚节点。根据不同的构造做法，其造价成本也会有所不同，其适用空间也会有所区别，尤其是很多构造的做法需要的高度较高，不适合在家庭空间中使用，避免因完成面的层高过低而产生压抑感。

1.1
卡式龙骨纸面石膏板顶棚

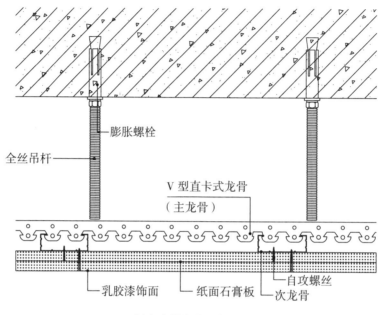

膨胀螺栓

全丝吊杆

V 型直卡式龙骨
（主龙骨）

乳胶漆饰面   纸面石膏板   次龙骨   自攻螺丝

沿主龙骨方向的剖面图

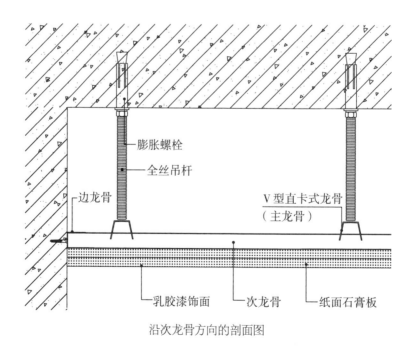

膨胀螺栓

全丝吊杆

边龙骨

V 型直卡式龙骨
（主龙骨）

乳胶漆饰面   次龙骨   纸面石膏板

沿次龙骨方向的剖面图

卡式龙骨纸面石膏板顶棚节点图

扫 / 码 / 观 / 看
"卡式龙骨纸面石膏板顶
棚"三维节点动图

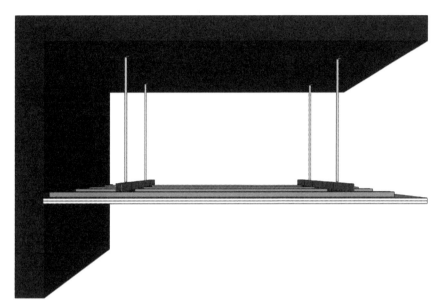

卡式龙骨纸面石膏板顶棚三维示意图

卡式龙骨顶棚由 38 卡式主龙骨与常规的覆面次龙骨组成，具有成本低、施工快、节约顶棚空间的优点，但是承载力与悬挂式顶棚相比较小，吊杆的长度不宜过长。

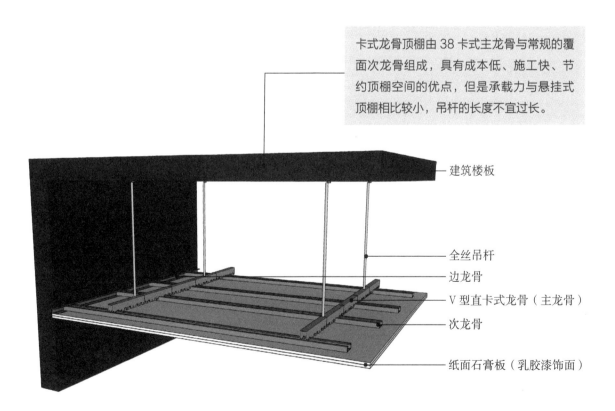

建筑楼板

全丝吊杆

边龙骨

V型直卡式龙骨（主龙骨）

次龙骨

纸面石膏板（乳胶漆饰面）

卡式龙骨纸面石膏板顶棚三维示意图解析

工艺解析

第一步：定高度、弹线

在顶棚和四周墙面进行弹线，要求弹线清晰、准确，误差应不大于2mm。

第二步：安装吊杆

吊杆间距为300mm，必须使用1mm×8mm膨胀螺栓固定，用量约为1m²一个。钢膨胀应尽量打在预制板板缝内，膨胀螺栓螺母应与木龙骨压紧。

第三步：安装龙骨

主龙骨与主龙骨的间距为800mm，主龙骨两端距墙面悬空均不超过300mm。边龙骨采用专用边角龙骨，不可用次龙骨代替。安装边龙骨前应先在墙面弹线，确定位置，准确固定。次龙骨间距为400mm。次龙骨、边龙骨之间连接均采用拉铆钉固定。顶棚长度大于通长龙骨长度时，龙骨应采用龙骨连接件对接固定。全面校正主、次龙骨的位置与水平，主、次龙骨卡槽无虚卡现象，卡合紧密。

第四步：检查隐蔽工程

在石膏板封板之前必须检查各隐蔽工程的合格情况（包括水电工程、墙面楼板等是否有隐患或者残缺的情况）。检查龙骨架的受力情况，灯位的放线是否影响封板等。中央空调的室内盘管工程由中央空调专业人员到现场试机检查是否合格。

第五步：石膏板封板

将石膏板弹线分块，使用专用螺丝固定，沉入石膏板0.5mm~1mm，钉距为15mm~17mm。固定石膏板时应从板中间向四边固定，不得多点同时作业。板缝交接处必须有龙骨。

卡式龙骨顶棚适用于顶棚完成面厚度为
100mm~500mm 的空间，如家居空间、
酒店客房、会所等。

卡式纸面石膏板顶棚实景效果图

1.2
卡式龙骨伸缩缝顶棚

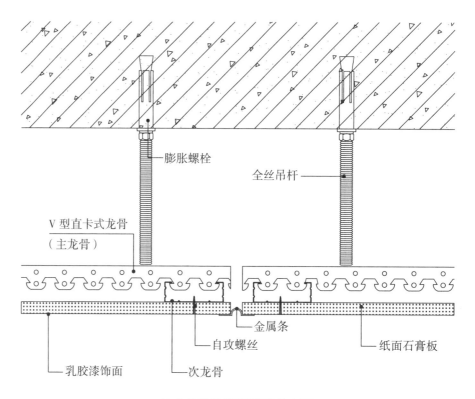

膨胀螺栓

全丝吊杆

V 型直卡式龙骨
（主龙骨）

金属条

自攻螺丝

纸面石膏板

乳胶漆饰面

次龙骨

卡式龙骨伸缩缝顶棚节点图

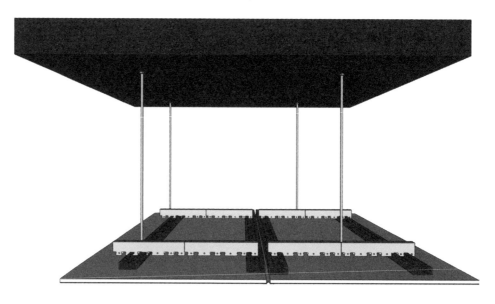

卡式龙骨伸缩缝顶棚三维示意图

扫 / 码 / 观 / 看
"卡式龙骨伸缩缝顶棚"
三维节点动图

※ 卡式龙骨伸缩缝顶棚只是在石膏板接缝处设置横撑龙骨来稳固顶棚，并在两个石膏板接缝处安装金属条来进行衔接。具体的工艺解析可参考本章中1.1第4页卡式龙骨纸面石膏板顶棚中的内容。

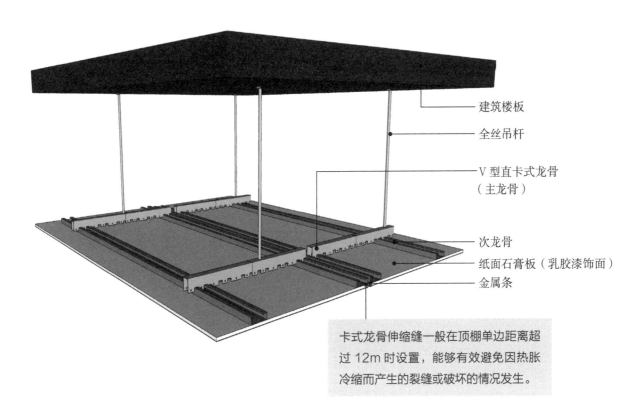

建筑楼板

全丝吊杆

V型直卡式龙骨（主龙骨）

次龙骨
纸面石膏板（乳胶漆饰面）
金属条

卡式龙骨伸缩缝一般在顶棚单边距离超过 12m 时设置，能够有效避免因热胀冷缩而产生的裂缝或破坏的情况发生。

卡式龙骨伸缩缝顶棚三维示意图解析

/ 伸缩缝 /

① 定义

伸缩缝是指为防止建筑物构件由于气候温度变化（热胀、冷缩），使结构产生裂缝或破坏而沿建筑物或构筑物施工缝方向的适当部位设置的一条构造缝。

② 影响因素

石膏板顶棚需留 10mm~20mm 的伸缩缝，交接长度为 30mm~50mm，伸缩缝边沿至吊筋间距不大于300mm。留伸缩缝时也要考虑当地的气候，比如在北方地区，夏季和冬季的温度会相差几十摄氏度，因此石膏板会发生明显的胀缩，需要把伸缩缝预留得宽一些；而对于四季相对恒温的南方，就可以将伸缩缝预留得窄一点，这样既不会影响施工质量，还能保证顶棚的美观。

1.3
跌级纸面石膏板顶棚

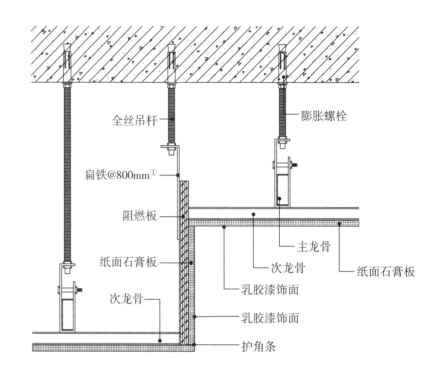

全丝吊杆

膨胀螺栓

扁铁@800mm①

阻燃板

主龙骨

纸面石膏板

次龙骨

乳胶漆饰面

纸面石膏板

次龙骨

乳胶漆饰面

护角条

跌级纸面石膏板顶棚节点图

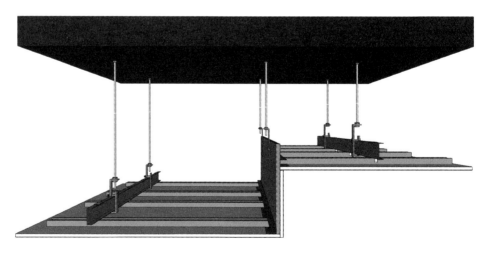

跌级纸面石膏板顶棚三维示意图

扫 / 码 / 观 / 看
"跌级纸面石膏板顶棚"
三维节点动图

注：① @ 是指间距，@800mm 的意思是其构件的间距为 800mm。

跌级纸面石膏板顶棚使用在顶棚具有高低起伏变化的位置。高顶和低顶都采用常规轻钢龙骨顶棚形式，连接高低顶的部分一般用扁铁吊装基层板来处理。通过侧边的木垂板（模板多为阻燃夹板），作为受力骨架，来连接上下平面龙骨，使得平面龙骨的构造做法保持不变。

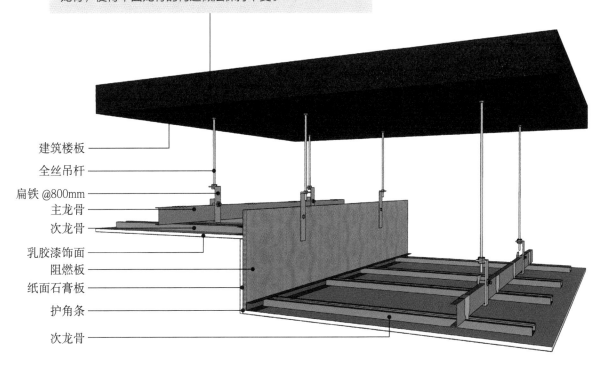

建筑楼板

全丝吊杆

扁铁 @800mm

主龙骨

次龙骨

乳胶漆饰面

阻燃板

纸面石膏板

护角条

次龙骨

跌级纸面石膏板顶棚三维示意图解析

/ 石膏板顶棚施工注意事项 /

① 雨季安装

雨季安装石膏板时，作业环境湿度应尽可能控制在 70% 以下，各种顶棚材料的运输、搬运、存放都应该采取防雨、防潮措施。否则材料容易出现霉变、生锈、变形等现象。

② 饰面板安装前的检验

饰面板在安装前应逐块进行检验，边角必须规整，尺寸应一致，这样安装后才能保证接缝平顺光滑。

③ 预留孔洞

龙骨骨架中往往会预留各种孔洞，比如灯具口和通风口，这些孔洞应按照施工规范和图集要求来设置龙骨及连接件，避免孔洞周围出现变形或者裂缝。

工艺解析

第一步：定高度、弹线

根据室内四周墙面，弹好水平控制线，要求弹线清晰、准确，误差应不大于 2mm。

第二步：安装吊杆

使用 1mm×8mm 膨胀螺栓固定吊杆，在弹好顶棚标高水平线或者是龙骨分档线后，要确定好吊杆下头的标高，吊杆不要和专业的管道接触。同时根据施工图纸中跌级的位置来对处于跌级侧面的吊杆进行单独设置。

单独吊筋间距应 ≤ 1200mm

第三步：安装龙骨

在划分好的主、次龙骨的顶棚标高线上划分龙骨分档线。为保证整个骨架的稳定性，用膨胀螺栓进行固定。

第四步：封板

对石膏板分块弹线、切割，再使用纸面石膏板进行封板。

在做跌级顶棚时，可以在阳角位置安装装饰线或者做像本图中的双凹阳角收口。

跌级纸面石膏板顶棚实景效果图

1.4
悬挂式纸面石膏板顶棚

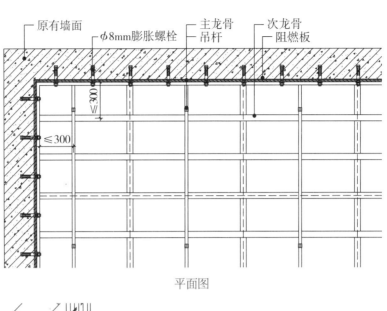

平面图

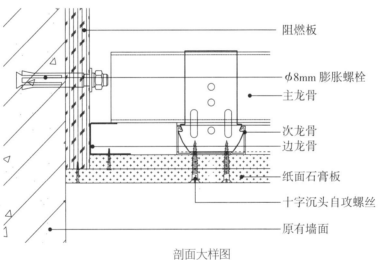

剖面大样图

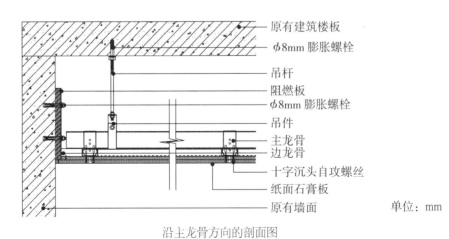

单位：mm

沿主龙骨方向的剖面图

悬挂式纸面石膏板顶棚节点图

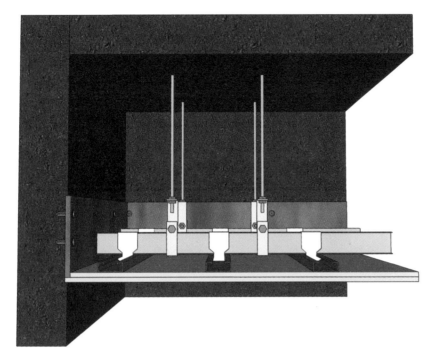

扫 / 码 / 观 / 看
"悬挂式纸面石膏板顶棚"三维节点动图

悬挂式纸面石膏板顶棚三维示意图

悬挂式纸面石膏板顶棚具有质量轻、施工方便、经济成本低等优点。大部分室内空间中都使用该做法，但不适用于顶棚距离建筑楼板过近的情况。

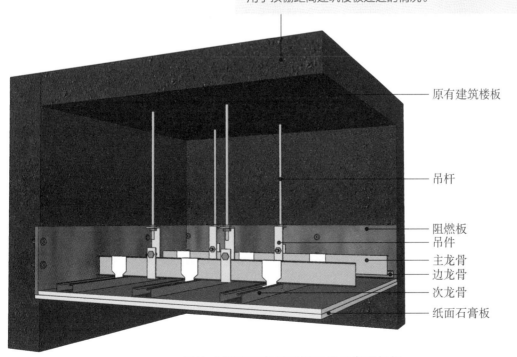

原有建筑楼板

吊杆

阻燃板
吊件
主龙骨
边龙骨
次龙骨
纸面石膏板

悬挂式纸面石膏板顶棚三维示意图解析

工艺解析

第一步：弹线定位

根据施工图中设定的顶棚高度，围绕墙体一圈弹基准线。

第二步：安装吊杆

采用膨胀螺栓固定吊杆、吊件。若是不上人的顶棚，吊杆长度小于1000mm，可以采用 ϕ6mm 的吊杆；大于 1000mm，应采用 ϕ8mm 的吊杆；大于 1500mm 时还应在 ϕ8mm 的吊杆基础上设置反向支撑。若是上人的顶棚，吊杆长度小于1000mm，可以采用 ϕ8mm 的吊杆；大于 1000mm，应采用 ϕ10mm 的吊杆。还应设置反向支撑，并且在灯具、风口及检修口等设备处应附加设置吊杆。

第三步：安装龙骨

主龙骨应吊挂在吊杆上，并平行房间长向安装。

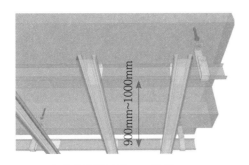

主龙骨间距 900mm~1000mm

第四步：固定龙骨

用十字沉头自攻螺丝固定边龙骨与墙面以及次龙骨与边龙骨，固定次龙骨时需使用两颗抽芯铆钉固定。

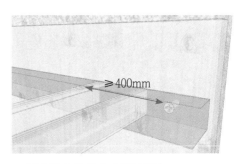

固定边龙骨的自攻螺丝间应 ≥ 400mm

第五步：安装纸面石膏板

石膏板从顶棚的一端开始错缝安装，逐块排开，余量放在最后安装。安装时，螺丝要从板的中间开始向四周固定，石膏板边缘钉子的间距应为150mm~170mm。

第六步：刷防锈漆

在自攻螺丝的钉眼处刷防锈漆，干燥后采用防锈漆调和石膏批刮钉眼，保证顶棚表面平整。

白色石膏板顶棚样式简单，若是有不平整等小瑕疵会比较明显，因此在施工中要多注意细节，保证施工效果。

悬挂式纸面石膏板顶棚实景效果图

1.5
悬挂式伸缩缝顶棚

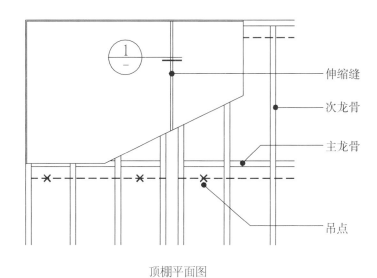

伸缩缝

次龙骨

主龙骨

吊点

顶棚平面图

套件

金属线条

次龙骨

主龙骨

双层纸面石膏板

① 节点详图

悬挂式伸缩缝顶棚节点图

扫 / 码 / 观 / 看
"悬挂式伸缩缝顶棚"三
维节点动图

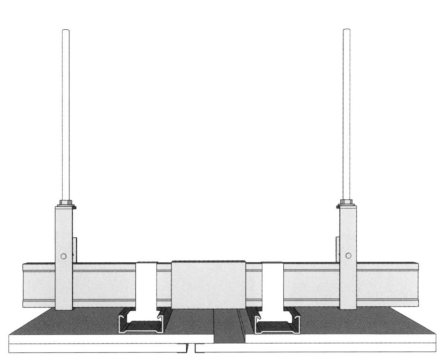

悬挂式伸缩缝顶棚三维示意图

当纸面石膏板顶棚面积大于100m² 时,纵、横向每12m~18m 距离应做伸缩缝处理,即做悬挂式伸缩缝顶棚,且应错缝安装,其接缝错开不小于300mm。若是遇到建筑变形缝处,顶棚应根据建筑变形量设计变形缝尺寸及构造。

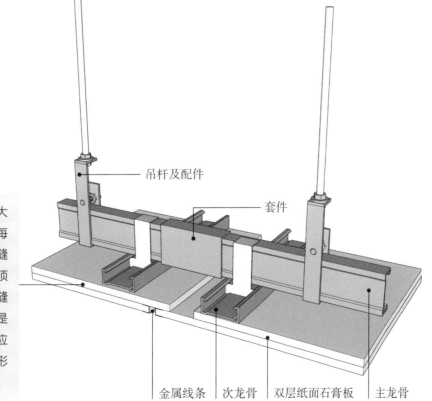

吊杆及配件
套件
金属线条　次龙骨　双层纸面石膏板　主龙骨

悬挂式伸缩缝顶棚三维示意图解析

1.6
支撑卡纸面石膏板顶棚

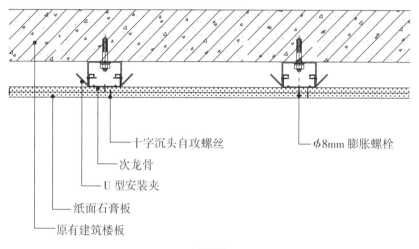

十字沉头自攻螺丝

φ8mm 膨胀螺栓

次龙骨

U 型安装夹

纸面石膏板

原有建筑楼板

剖面图

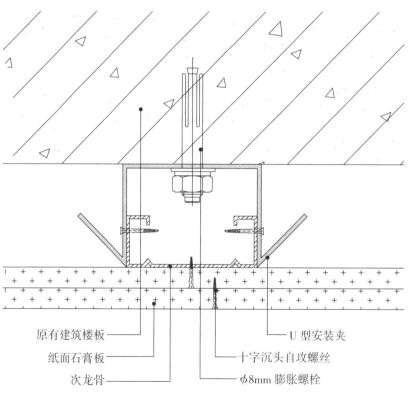

原有建筑楼板

U 型安装夹

纸面石膏板

十字沉头自攻螺丝

次龙骨

φ8mm 膨胀螺栓

支撑卡大样图

支撑卡纸面石膏板顶棚节点图

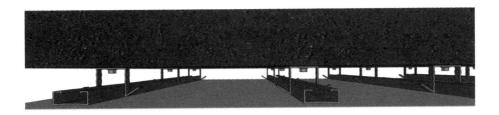

支撑卡纸面石膏板顶棚三维示意图

该顶棚做法：其表面材料也可换为防水石膏板（FC 板），且必须与龙骨连接牢固、平整，缝隙控制在 5mm~8mm。双层纸面石膏板第一层与第二层拼缝应错开安装并加胶水黏结。

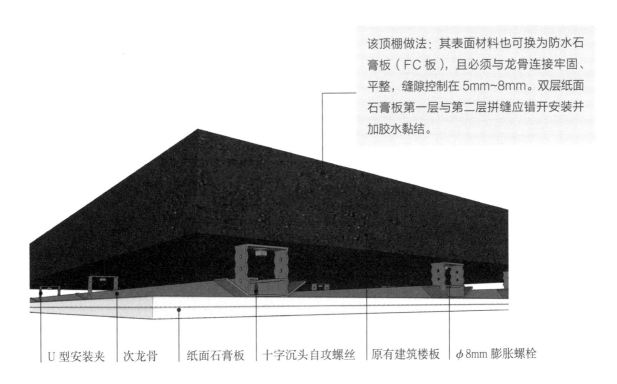

| U 型安装夹 | 次龙骨 | 纸面石膏板 | 十字沉头自攻螺丝 | 原有建筑楼板 | ϕ 8mm 膨胀螺栓 |

支撑卡纸面石膏板顶棚三维示意图解析

工艺解析

第一步：弹线

根据顶棚设计标高在四周墙上弹线。弹线应清晰、位置应准确。

第二步：顶棚钻孔

支撑卡在横向上的安装间距一般在300mm~400mm，参考该间距定位膨胀螺栓孔，并在定位处进行钻孔。

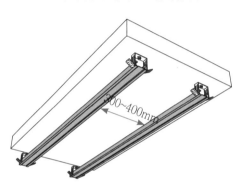

第三步：挂支撑卡

使用 ϕ8mm 的膨胀螺栓将支撑卡与顶面相固定。

第四步：主龙骨安装

将吊件和主龙骨相连接，主龙骨间距不应超过 1200mm，施工时可以通过等分来确定主龙骨的间距。主龙骨中间部位应适当起拱，起拱高度应小于房间短向跨度的 1%~3%。

第五步：安装石膏板

在龙骨底面封两层纸面石膏板，用十字沉头自攻螺丝进行固定。

支撑卡顶棚又被称为"贴顶式"顶棚，能够最大限度地缩小完成面的厚度，最小可做到35mm的完成面，且材料成本低，但是承重小，不受力，不宜大面积使用。

支撑卡纸面石膏板顶棚实景效果图

1.7
纸面石膏板抽缝顶棚

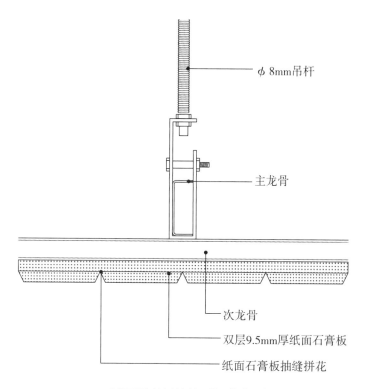

- φ8mm吊杆
- 主龙骨
- 次龙骨
- 双层9.5mm厚纸面石膏板
- 纸面石膏板抽缝拼花

纸面石膏板抽缝顶棚节点图

纸面石膏板上的抽缝会影响整个空间的美观效果，正常抽缝的宽度 > 10mm，两个抽缝之间的距离一般为300mm，这样会从视觉上扩宽空间。

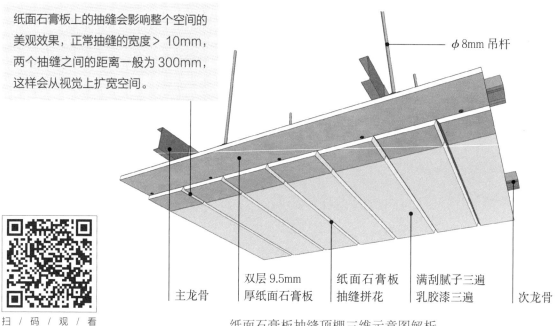

- φ8mm吊杆
- 主龙骨
- 双层9.5mm厚纸面石膏板
- 纸面石膏板抽缝拼花
- 满刮腻子三遍乳胶漆三遍
- 次龙骨

纸面石膏板抽缝顶棚三维示意图解析

扫 / 码 / 观 / 看
"纸面石膏板抽缝顶棚"
三维节点动图

工艺解析

第一步：弹线

第二步：固定吊件

龙骨的吸顶吊件用膨胀螺栓与钢筋混凝土板或钢架转换层固定。

第三步：固定主龙骨

用 ϕ 8mm 吊杆和配件固定 D50 的主龙骨。

≤ 300mm

吊顶的主龙骨离墙间距不得超过 300mm

第四步：固定次龙骨

依次固定 D50 的次龙骨。

第五步：安装石膏板

安装双层 9.5mm 厚纸面石膏板，用自攻螺丝与龙骨固定封底。

第六步：抽缝

第二层纸面石膏板抽缝、拼花，刷胶后用自攻螺丝固定在第一层纸面石膏板上。

第七步：刷乳胶漆

先对石膏板满刮腻子三遍，再用乳胶漆涂刷三遍。

抽缝除了做横向或竖向，也可以做交叉的菱形格子，形式多样。

纸面石膏板抽缝顶棚实景效果图

1.8
纸面石膏板顶棚金属槽留缝造型

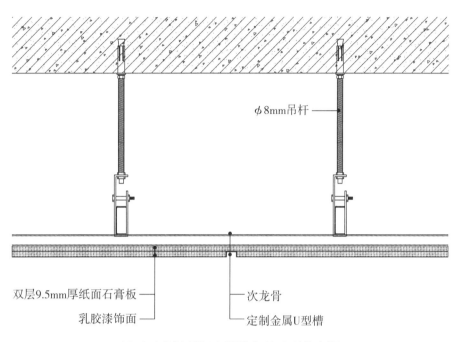

ϕ8mm吊杆

双层9.5mm厚纸面石膏板

乳胶漆饰面

次龙骨

定制金属U型槽

纸面石膏板顶棚金属槽留缝造型节点图

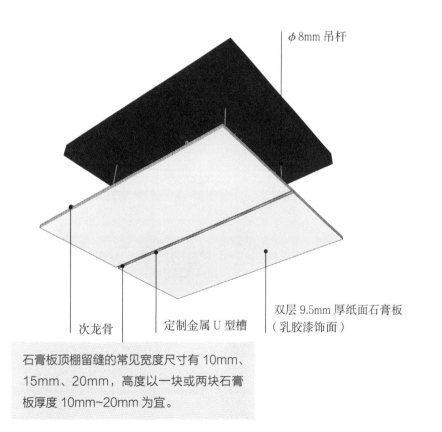

ϕ8mm 吊杆

次龙骨

定制金属 U 型槽

双层 9.5mm 厚纸面石膏板
（乳胶漆饰面）

石膏板顶棚留缝的常见宽度尺寸有 10mm、15mm、20mm，高度以一块或两块石膏板厚度 10mm~20mm 为宜。

纸面石膏板顶棚金属槽留缝造型三维示意图解析

扫 / 码 / 观 / 看
"纸面石膏板顶棚金属槽
留缝造型"三维节点动图

工艺解析

在纸面石膏板上满刮腻子三遍，再涂刷乳胶漆三遍。

| 第一步
弹线 | 第三步
固定龙骨 | 第五步
涂刷饰面材料 |

| 第二步
用膨胀螺栓固定吊件 | 第四步
安装石膏板 |

先安装第一层纸面石膏板，用自攻螺丝与龙骨进行固定，在第二层纸面石膏板上预留凹槽尺寸后再安装 U 型金属槽，并用自攻螺丝与龙骨进行固定。

金属凹槽可以与其他的金属类装饰相搭配，形成良好的装饰效果。

纸面石膏板顶棚金属槽留缝造型实景效果图

1.9
纸面石膏板顶棚墙角留缝造型

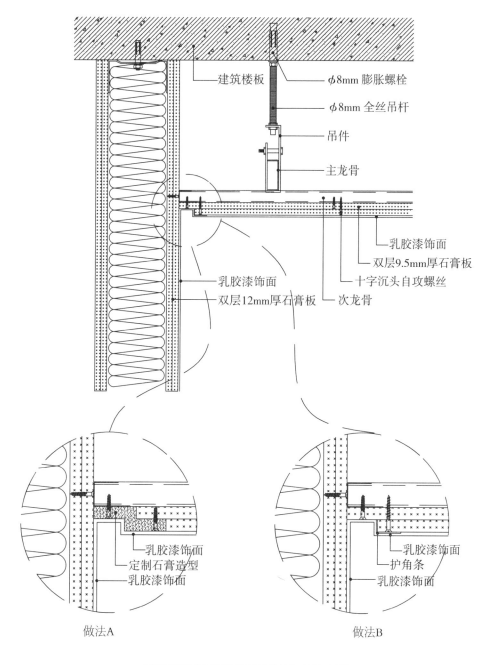

建筑楼板

φ8mm 膨胀螺栓

φ8mm 全丝吊杆

吊件

主龙骨

乳胶漆饰面

双层9.5mm厚石膏板

十字沉头自攻螺丝

次龙骨

乳胶漆饰面
双层12mm厚石膏板

乳胶漆饰面
定制石膏造型
乳胶漆饰面

乳胶漆饰面
护角条
乳胶漆饰面

做法A

做法B

纸面石膏板顶棚墙角留缝造型节点图

扫 / 码 / 观 / 看
"纸面石膏板顶棚墙角留
缝造型"三维节点动图

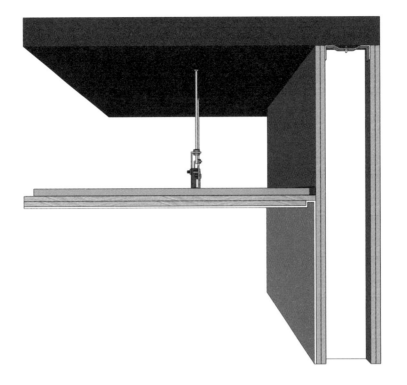

纸面石膏板顶棚墙角留缝造型三维示意图

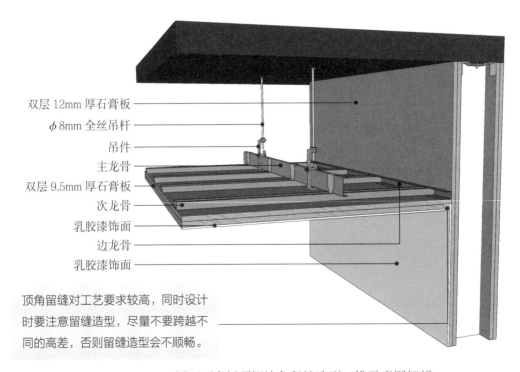

双层 12mm 厚石膏板

ϕ8mm 全丝吊杆

吊件

主龙骨

双层 9.5mm 厚石膏板

次龙骨

乳胶漆饰面

边龙骨

乳胶漆饰面

顶角留缝对工艺要求较高，同时设计
时要注意留缝造型，尽量不要跨越不
同的高差，否则留缝造型会不顺畅。

纸面石膏板顶棚墙角留缝造型三维示意图解析

工艺解析

在纸面石膏板上满刮腻子三遍，再安装纸面石膏板，每一层纸面石膏板都用十字沉头自攻螺丝进行固定，在墙角的位置，将第二层纸面石膏板预留一定的距离后，再用护角条或者定制石膏线进行安装、固定。

第一步
定高度、弹线

第三步
固定主龙骨

第五步
安装纸面石膏板

第二步
用 ϕ8mm 的膨胀螺栓固定吊杆

第四步
固定次、边龙骨

顶棚和墙角间的留缝让空间更有呼吸感，不会因太过紧密连接而导致空间的死板和僵硬。

纸面石膏板顶棚墙角留缝造型实景效果图

1.10
纸面石膏板面饰马来漆顶棚

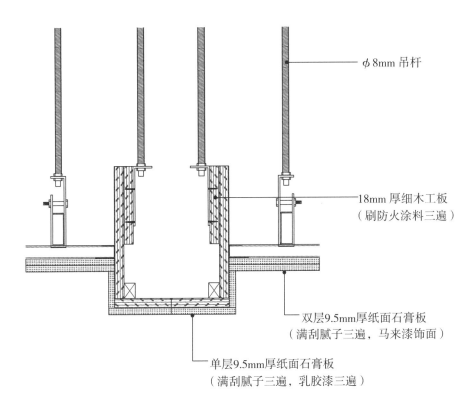

φ8mm 吊杆

18mm 厚细木工板
（刷防火涂料三遍）

双层9.5mm厚纸面石膏板
（满刮腻子三遍，马来漆饰面）

单层9.5mm厚纸面石膏板
（满刮腻子三遍，乳胶漆三遍）

纸面石膏板面饰马来漆顶棚节点图

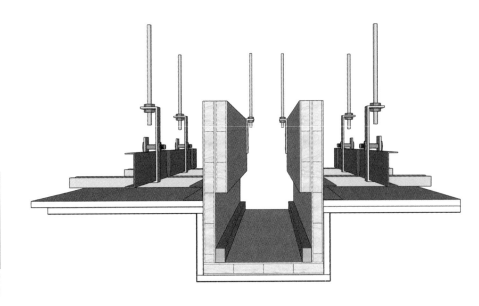

扫 / 码 / 观 / 看
"纸面石膏板面饰马来漆
顶棚"三维节点动图

纸面石膏板面饰马来漆顶棚三维示意图

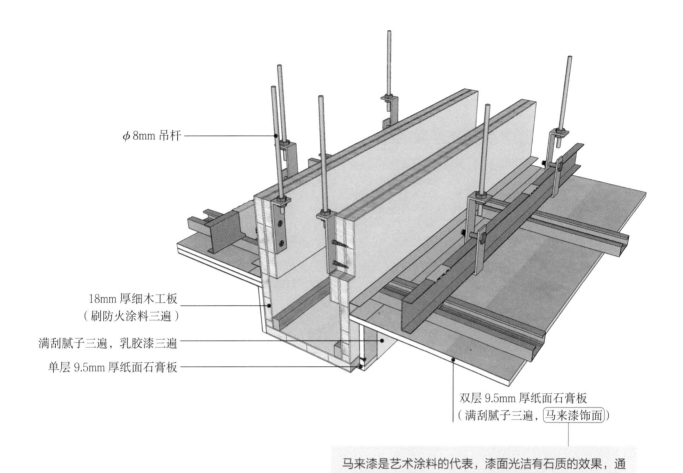

φ8mm 吊杆

18mm 厚细木工板
（刷防火涂料三遍）

满刮腻子三遍，乳胶漆三遍

单层 9.5mm 厚纸面石膏板

双层 9.5mm 厚纸面石膏板
（满刮腻子三遍，马来漆饰面）

马来漆是艺术涂料的代表，漆面光洁有石质的效果，通过不同的批刮工具可以产生不同的艺术效果。

纸面石膏板面饰马来漆顶棚三维示意图解析

/ 常见的马来漆花纹效果 /

大刀纹马来漆	金银线马来漆	幻影马来漆	水波纹马来漆	叠影马来漆
大刀纹是用补格的手法交叉叠加批涂得出的，需要边批涂边打磨，最后再进行抛光处理	金银线马来漆的效果中会含有金线或银线的纹路，更加适合富贵、华丽的空间，如客厅、会客室等	幻影的花纹效果是边缘颜色深，中间颜色浅，有更加明显且完整的边缘线，通过半圆形的批刀来达到这个效果	水波纹效果的马来漆若做高光表面，则视觉上有波光粼粼的效果	叠影是通过第一遍批涂完成后，第二、第三遍填补孔隙的方式所呈现出的效果，将第一遍没有填补的孔隙对角方向补充，直至全部填充完毕

工艺解析

第一步：弹线

第二步：固定吊件

龙骨的吸顶吊件用膨胀螺栓与钢筋混凝土板固定。

第三步：固定龙骨

用 ϕ8mm 吊杆和配件固定 D50 主龙骨，主龙骨的间距为 900mm，再依次固定 D50 的次龙骨，以增强结构的稳定性。

第四步：安装纸面石膏板

用自攻螺丝将龙骨和纸面石膏板固定。

第五步：刷马来漆第一遍

用马来漆批刀在纸面石膏板基层上批类似于长方形的图案，图案尽量不重叠，且每个方形角度尽可能朝向不一，图案与图案间最好留半个图案大小的间隙。

第六步：刷马来漆第二遍

第二遍同样用马来漆批刀补第一道留下来的空隙，要与第一道施工图案的边角错开。

第七步：刷马来漆第三遍

第三遍检查是否还有空隙、毛糙的地方，用 500 号砂纸轻轻打磨，好的马来漆是可以打出光泽来的。接下来再上第三道马来漆，按照之前的方法在上面一刀刀批刮，边批刮边打磨。

第八步：抛光

三道批刮完成后已经形成马来漆图案的效果了，用不锈钢刀调整好角度批刮抛光，直到墙面如大理石般光泽，即可完成。

选择褐色的混色马来漆，不同深浅的马来漆纹理相交形成独特的纹理，与空间中的深木色相搭配，使独立办公室显得沉稳、大气。

纸面石膏板面饰马来漆顶棚实景效果图

1.11
GRG 石膏板顶棚

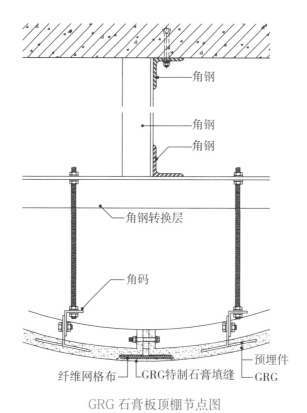

角钢

角钢

角钢

角钢转换层

角码

预埋件

纤维网格布   GRG特制石膏填缝   GRG

GRG 石膏板顶棚节点图

扫 / 码 / 观 / 看
"GRG 石膏板顶棚"三
维节点动图

GRG 石膏板属于一种改良性纤维石膏装饰材料，可塑性强，经常用作异形顶棚。表面光洁平滑，呈白色，白度达 90% 以上，可以和各种涂料及面饰材料良好地黏结，形成极佳的装饰效果。

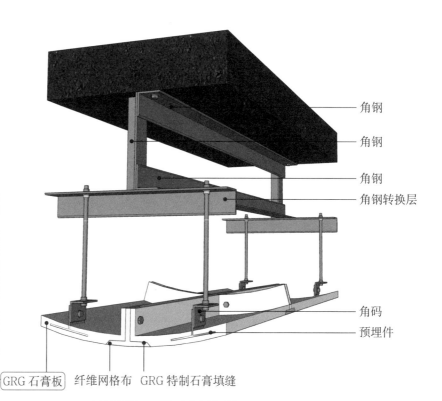

角钢

角钢

角钢

角钢转换层

角码

预埋件

GRG 石膏板   纤维网格布   GRG 特制石膏填缝

GRG 石膏板顶棚三维示意图解析

工艺解析

第一步：弹线

为保证顶棚的平整度，施工人员必须根据设计图纸要求进行弹线，确定标高及其位置的准确性。

第二步：确定 GRG 板的位置

确定 GRG 板的位置可以使顶棚钢架吊点准确、吊杆垂直，各吊杆受力均衡，有效避免顶棚产生大面积的不平整，用全站仪在顶棚板下结构板面上设置与每一排顶棚板上控制点相对应的控制点。

第三步：安装吊杆

根据定位，在转换层钢架上定位、打孔、安装丝牙吊杆。

第四步：安装 GRG 板

为保证 GRG 顶棚的整体刚度，防止以后顶棚变形，应先安装造型 GRG 顶棚，这样有利于顶棚造型的定位，若是与其他材料顶棚相接，也能帮助 GRG 板与其他饰面板相互固定。顶棚造型均采用轻钢材料，以保证造型有足够的刚度。

第五步：GRG 板的拼缝处理

为防止顶棚及墙面造型的面层批嵌开裂，拼缝应根据刚性连接的原则设置，内置木块螺丝连接，并分层批嵌处理。批嵌材料采取渗入抗裂纤维的材质与 GRG 板一致的专用拼缝材料。拼缝处理完成后满刮 GRG 板专用腻子，打磨处理完成后进行涂料施工，施工完成后检查顶棚板的平整度。

GRG 石膏板
的可塑性使顶
棚、墙面以曲
面的形式相接，
给人以震撼的
视觉效果。

GRG 石膏板顶棚实景效果图

2

金属类顶棚节点

金属类材料经久耐用、庄重华贵，颜色丰富多样，是常见的顶棚材料。金属类顶棚材料包括铝、铝合金、钢材等，材料经过表面涂层处理，达到防火防潮的要求后做成单板、垂片等模块化金属材料进行组合、安装。金属类板材的规格一般为 1219mm×2438mm、1219mm×3048mm 等。

金属类顶棚根据面板的材质、板块形式、尺寸规格等，安装工艺基本为粘贴以及专用龙骨卡槽等连接方式。其中粘贴工艺由于工艺做法基本类同于墙面，本章主要对模块化的金属板配合专用龙骨进行安装的金属板工艺进行说明。

2.1
铝单板顶棚

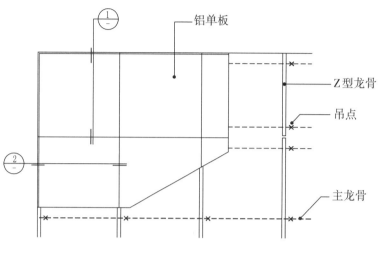

铝单板顶棚平面图

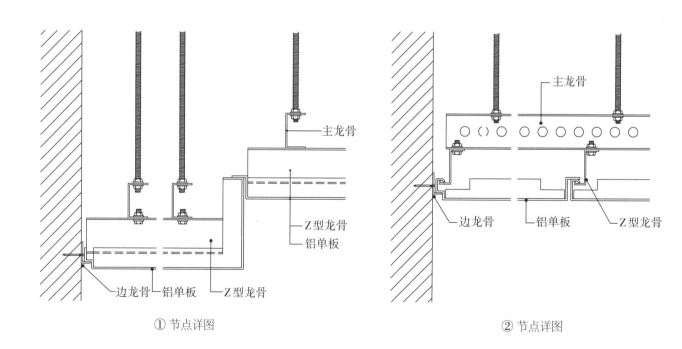

① 节点详图   ② 节点详图

铝单板顶棚节点图

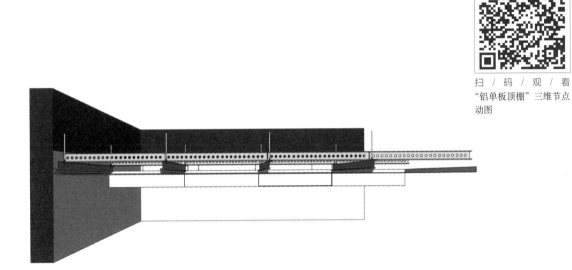

扫 / 码 / 观 / 看
"铝单板顶棚"三维节点
动图

铝单板顶棚三维示意图

铝单板顶棚具有良好的抗压性和耐用性，但是形式相对来说比较单一，安装时对平整度的要求较高，不适合用于大面积的顶棚上。

铝单板

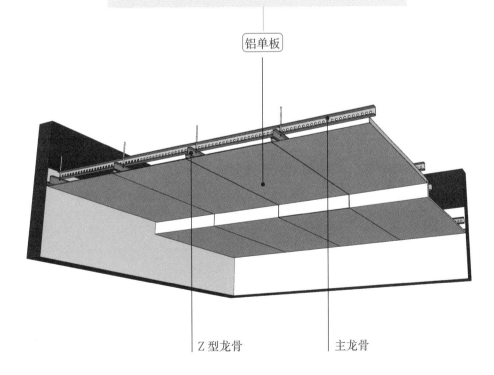

Z 型龙骨　　　主龙骨

铝单板顶棚三维示意图解析

工艺解析

第一步：定高度、弹线

根据设计图纸在墙面上弹出顶棚的高度，其偏差不大于 ±3mm，同时弹出吊杆的位置，即吊点。

第二步：安装吊杆

根据弹线的位置以及吊杆下头的标高来安装吊杆，按主龙骨位置及吊挂间距，将吊杆无螺栓的一端用膨胀螺栓固定在楼板下，吊杆用 $\phi 8mm$ 的通丝。

第三步：安装主龙骨

根据吊杆的位置，将预先安好吊挂件的主龙骨与吊杆相连接，拧好螺母，装连接件，拉线调整标高和平直，安装洞口附加主龙骨，设置连接卡固定。

第四步：安装边龙骨

选用 L 型镀锌轻钢条做边龙骨，用自攻螺丝与墙面固定，且边龙骨钉的间距不大于 500mm。

第五步：安装 Z 型龙骨

Z 型龙骨又名钩挂龙骨或勾搭龙骨，用自攻螺丝将 Z 型龙骨和主龙骨相接。

第六步：安装铝单板

铝单板的边缘是带有钩挂的形式，能够直接与 Z 型龙骨相勾在一起，达到稳固的效果。

不同大小的铝板错缝拼接形成良好的装饰效果。

铝单板顶棚实景效果图

2.2
铝单板顶棚伸缩缝

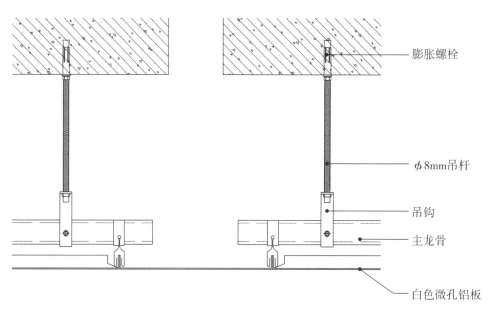

膨胀螺栓

φ8mm吊杆

吊钩

主龙骨

白色微孔铝板

铝单板顶棚伸缩缝节点图

选用铝板做顶棚时，应注意铝板立面超过150mm时，需做加强设计。

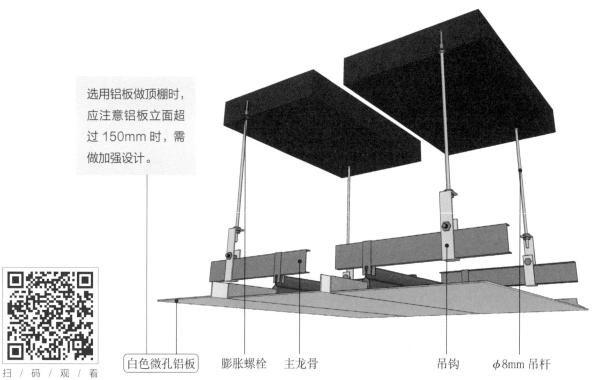

白色微孔铝板　　膨胀螺栓　　主龙骨　　　　　　　　　吊钩　　φ8mm吊杆

铝单板顶棚伸缩缝三维示意图解析

扫 / 码 / 观 / 看
"铝单板顶棚伸缩缝"三
维节点动图

工艺解析

第一步：定高度、弹线

根据楼层标高水平线，按照设计标高，沿墙四周弹顶棚标高水平线，并找出房间中心点，沿顶棚的标高水平线，以房间中心点为中心在墙上画好龙骨分档位置线。

第二步：安装吊杆

弹好顶棚标高水平线及龙骨位置线后，确定吊杆下端头的标高，安装预先加工好的吊杆。吊杆安装用膨胀螺栓固定在顶棚上，吊杆选用帕圆钢，吊筋间距控制在 1200mm 范围内。

第三步：安装主龙骨

主龙骨一般选用 C38 轻钢龙骨，间距控制在 1200mm 范围内，安装时采用与主龙骨配套的吊件与吊杆连接。

第四步：安装次龙骨

按照金属板的规格尺寸，安装与板相配套的次龙骨，次龙骨通过吊挂件吊挂在主龙骨上。当次龙骨需多根延续接长时，用次龙骨连接件，在吊挂次龙骨的同时，将相对端头相连接，并先调直后再固定，保证顶棚平直。

第五步：隐蔽检查

安装金属板前应对顶棚内管道和设备进行调试和验收，防止返工。

第六步：安装铝单板

金属板安装的时候需要在装配面积的中间位置垂直次龙骨的方向拉一条基准线，对齐基准线向两边安装。安装时，轻拿轻放，必须顺着翻边部位的顺序将方板两边轻压，卡进龙骨后再推紧。

2.3
不锈钢折板顶棚

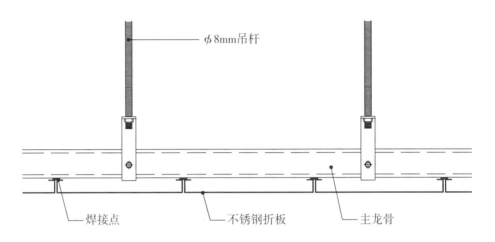

φ8mm吊杆

焊接点 —— 不锈钢折板 —— 主龙骨

不锈钢折板顶棚节点图

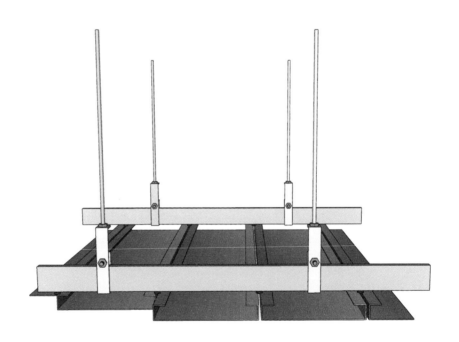

不锈钢折板顶棚三维示意图

扫 / 码 / 观 / 看
"不锈钢折板顶棚"三维
节点动图

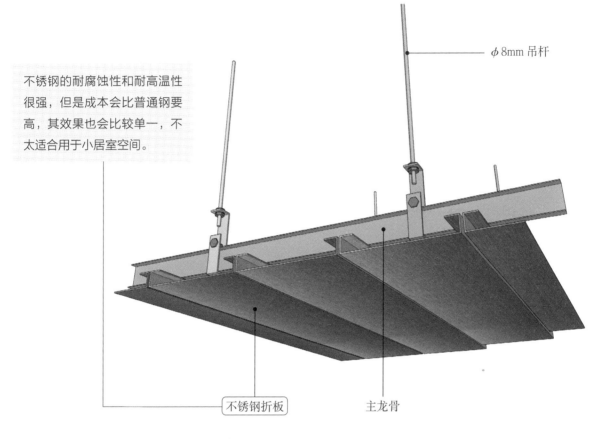

φ8mm 吊杆

不锈钢的耐腐蚀性和耐高温性很强，但是成本会比普通钢要高，其效果也会比较单一，不太适合用于小居室空间。

不锈钢折板

主龙骨

不锈钢折板顶棚三维示意图解析

/ 常见的不锈钢表面处理工艺 /

拉丝不锈钢

拉丝不锈钢有直拉丝、雪花纹、尼龙纹等多种纹理效果，比一般的不锈钢更耐磨

镜面不锈钢

表面抛光，有很强的反射，但比镜子更加耐磨、容易运输，可以替代镜子，起到扩大空间的作用

喷砂不锈钢

喷砂不锈钢颜色丰富，光洁度强，耐腐蚀性也更强

蚀刻不锈钢

通过化学反应在不锈钢表面腐蚀出各种花纹图案，图案明暗相间，色彩绚丽

抗指纹不锈钢

一般用在电梯、防盗门、灯饰、家具等位置，表面有一层透明坚硬的固态保护膜，增强了不锈钢的耐候性、美观性和抗污染性

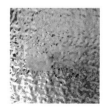

水波纹不锈钢

通过冲压的方式，把花纹冲压在不锈钢板上。水波纹的形态让不锈钢更有动态感

工艺解析

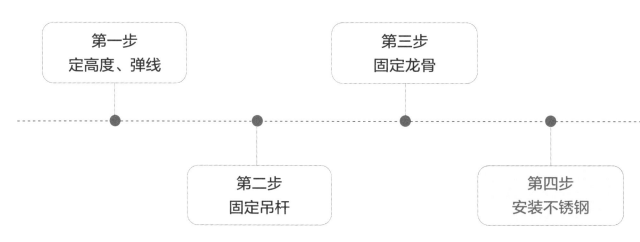

第一步
定高度、弹线

第二步
固定吊杆

第三步
固定龙骨

第四步
安装不锈钢

逐步干挂安装不锈钢，点焊时需考虑间隙缝。

镜面不锈钢能够反射地面上绝大部分物体，在视觉上扩大了空间的层高。

不锈钢折板顶棚实景效果图

2.4
方形铝扣板顶棚

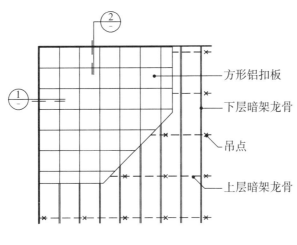

方形铝扣板顶棚平面图

- 方形铝扣板
- 下层暗架龙骨
- 吊点
- 上层暗架龙骨

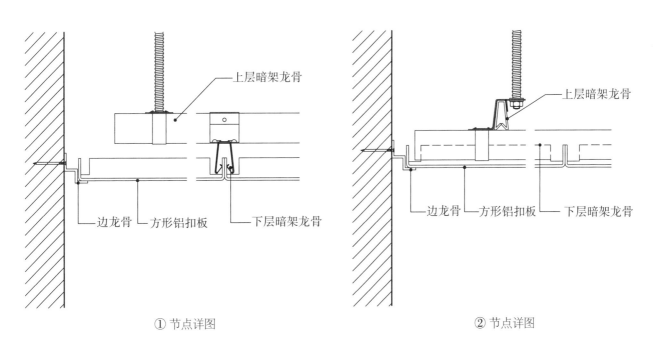

① 节点详图

上层暗架龙骨

边龙骨　方形铝扣板　下层暗架龙骨

② 节点详图

上层暗架龙骨

边龙骨　方形铝扣板　下层暗架龙骨

方形铝扣板顶棚节点图

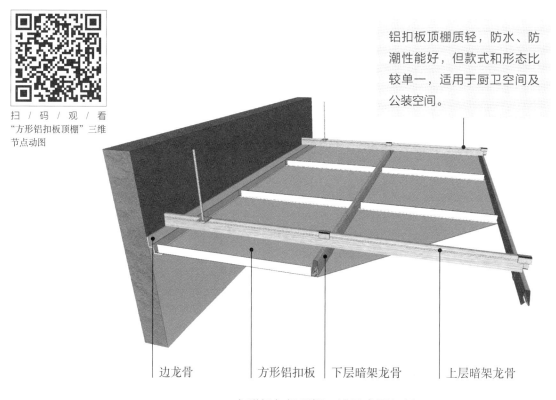

扫 / 码 / 观 / 看
"方形铝扣板顶棚"三维
节点动图

铝扣板顶棚质轻，防水、防潮性能好，但款式和形态比较单一，适用于厨卫空间及公装空间。

边龙骨　　方形铝扣板　下层暗架龙骨　　上层暗架龙骨

方形铝扣板顶棚三维示意图解析

/ 铝扣板挑选小技巧 /

① 看厚度

市面上的铝扣板厚度不等，通常家居空间中铝扣板的厚度选 0.6mm 即可。判断铝扣板厚度最直接的方法是看产品的规格说明，长度、厚度等信息在产品说明上一目了然。再者，可以通过肉眼和手感判断铝扣板的厚度。

② 选工艺

铝扣板的表面处理很关键，一般分为喷涂、滚涂、覆膜等几种形式。喷涂存在使用寿命短、容易出现色差等缺点；滚涂表面均匀、光滑，无划伤、脱落、缩孔、漏涂等明显缺陷；覆膜则具有表面粘贴牢固，无起皱、划伤、脱落、漏贴等优点，覆膜有普通膜和进口膜的区别，因此，其价格差别也很大。选购时，可通过手感判断铝扣板表面是否光滑细腻。此外，选购覆膜板时更要小心，由于覆膜板工艺要求高，若是人工直接在铝扣板上贴膜，一旦温度变化过大，表层容易脱落。

③ 挑材质

铝扣板的材质可分为钛铝合金、铝镁合金、铝锰合金和普通铝合金等类型。铝镁合金最大的优点是抗氧化能力好；铝锰合金的强度和刚度都高于铝镁合金，但抗氧化能力要低于铝镁合金；普通的铝合金则强度、刚度及抗氧化能力均弱于前两者；钛镁合金不仅具备抗氧化能力强、强度和刚度高的优点，还具有抗酸碱性强的特点，适合在厨房和卫生间长期使用。

鉴别铝扣板材质的优劣，除了观察板材薄厚是否均匀外，还要看铝扣板的弹性和韧性。可通过选取一块样板，用手把它折弯。若是铝材不好，很容易被折弯且不会恢复到原来的形状；质地好的铝材被折弯之后，会在一定程度上反弹。

工艺解析

第一步
定高度、弹线

第三步
固定龙骨

第二步
固定吊杆

第四步
安装铝扣板

轻钢龙骨固定好后，直接把铝扣板压在轻钢龙骨中即可。

白色的方形铝扣板不会压缩层高，顶棚设计十分干净、自然。

方形铝扣板顶棚实景效果图

2.5
条形铝扣板顶棚

▶▶ 条形铝扣板顶棚（空隙较大）

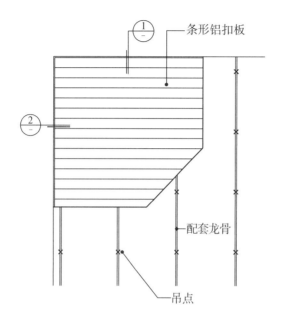

条形铝扣板顶棚（空隙较大）平面图

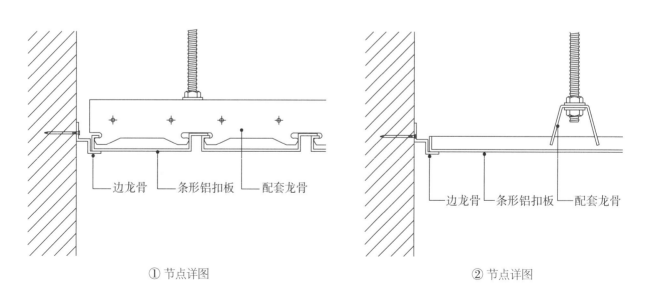

① 节点详图   ② 节点详图

条形铝扣板顶棚（空隙较大）节点图

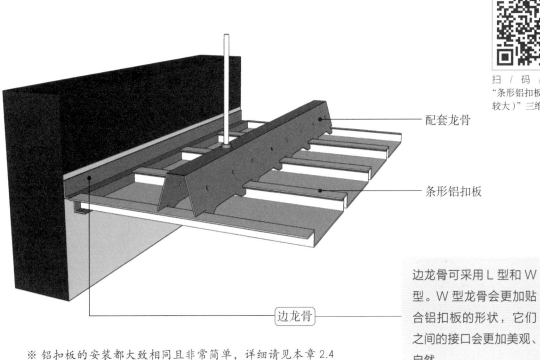

扫 / 码 / 观 / 看
"条形铝扣板顶棚（空隙
较大）"三维节点动图

配套龙骨

条形铝扣板

边龙骨

边龙骨可采用 L 型和 W 型。W 型龙骨会更加贴合铝扣板的形状，它们之间的接口会更加美观、自然。

※ 铝扣板的安装都大致相同且非常简单，详细请见本章 2.4 第 49 页方形铝扣板顶棚中的工艺解析。

条形铝扣板顶棚（空隙较大）三维示意图解析

条形铝扣板的安装更加考验工人的安装水平，对平整度要求较高，但是一旦解决这些问题，其装饰效果会较好，使顶棚显得更加干净、整齐。

条形铝扣板顶棚（空隙较大）实景效果图

▶▶ 条形铝扣板顶棚（无缝拼接）

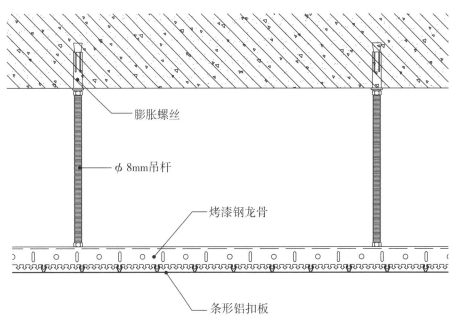

　　　　　　　　膨胀螺丝

　　　　　　　　φ8mm吊杆

　　　　　　　　烤漆钢龙骨

　　　　　　　　条形铝扣板

条形铝扣板顶棚（无缝拼接）节点图

※铝扣板的安装大致相同且非常简单，详细请见本章2.4第49页方形铝扣板顶棚中的工艺解析。

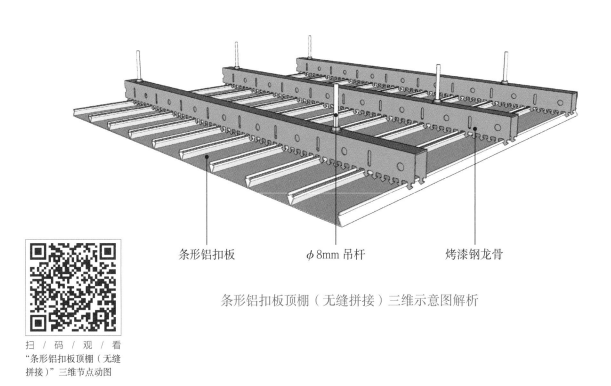

条形铝扣板　　　φ8mm吊杆　　　烤漆钢龙骨

条形铝扣板顶棚（无缝拼接）三维示意图解析

扫 / 码 / 观 / 看
"条形铝扣板顶棚（无缝拼接）"三维节点动图

无缝拼接的形式会让顶棚更加整体，让空间
更加具有整体性，但是会让空间缺乏变化，
因此更多用于开放型的办公空间中。

条形铝扣板顶棚（无缝拼接）实景效果图

▶▶ **条形铝扣板顶棚（拼插）**

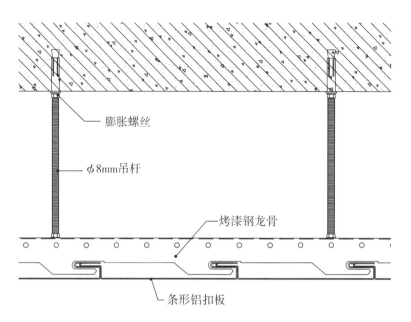

膨胀螺丝

φ8mm吊杆

烤漆钢龙骨

条形铝扣板

条形铝扣板顶棚（拼插）节点图

※ 铝扣板的安装大致相同且非常
简单，详细请见本章 2.4 第 49 页
方形铝扣板顶棚中的工艺解析。

扫 / 码 / 观 / 看
"条形铝扣板顶棚（拼
插）"三维节点动图

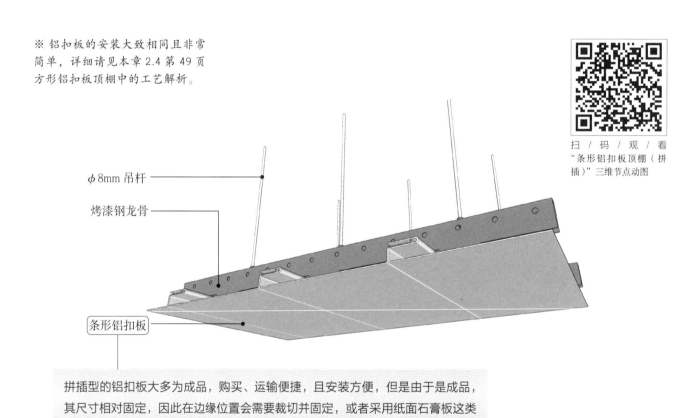

φ8mm吊杆

烤漆钢龙骨

条形铝扣板

拼插型的铝扣板大多为成品，购买、运输便捷，且安装方便，但是由于是成品，
其尺寸相对固定，因此在边缘位置会需要裁切并固定，或者采用纸面石膏板这类
裁切、安装简单的材料。适合大面积的空间内使用。

条形铝扣板顶棚（拼插）三维示意图解析

▶▶ 条形铝扣板顶棚（带铝合金装饰条）节点图

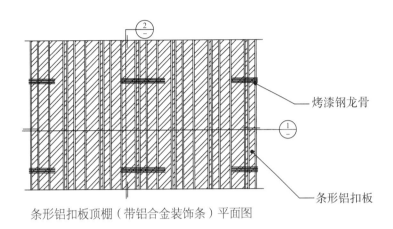

烤漆钢龙骨

条形铝扣板

条形铝扣板顶棚（带铝合金装饰条）平面图

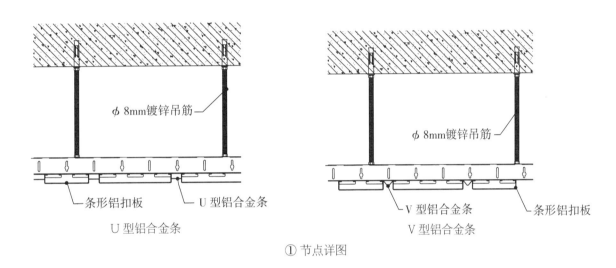

ϕ 8mm镀锌吊筋

条形铝扣板   U 型铝合金条

U 型铝合金条

ϕ 8mm镀锌吊筋

V 型铝合金条   条形铝扣板

V 型铝合金条

① 节点详图

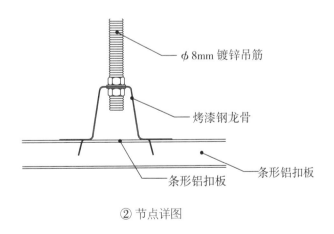

ϕ 8mm 镀锌吊筋

烤漆钢龙骨

条形铝扣板   条形铝扣板

② 节点详图

条形铝扣板顶棚（带铝合金装饰条）节点图

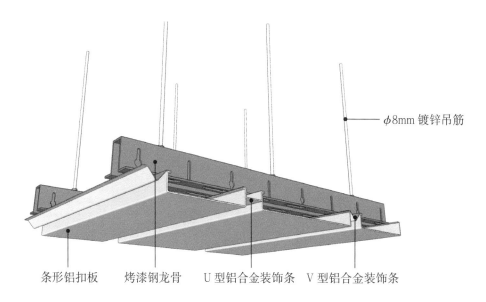

φ8mm 镀锌吊筋

条形铝扣板　　烤漆钢龙骨　　U 型铝合金装饰条　　V 型铝合金装饰条

条形铝扣板顶棚（带铝合金装饰条）三维示意图解析

扫 / 码 / 观 / 看 "条形铝扣板顶棚（带铝合金装饰条）"三维节点动图

※ 铝扣板的安装大致相同且非常简单，详细请见本章 2.4 第 49 页方形铝扣板顶棚中的工艺解析。

细装饰条是根据铝扣板的形状进行安装的，形态各异，丰富了顶棚的造型。

条形铝扣板顶棚（带铝合金装饰条）实景效果图

▶▶ 条形铝扣板顶棚（圆弧倒角）

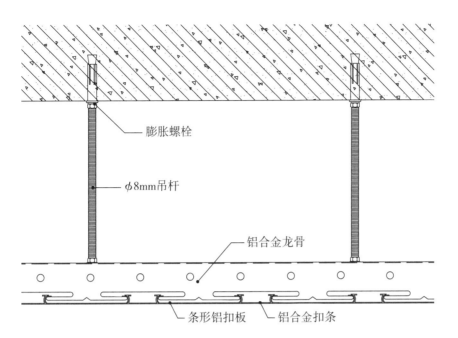

膨胀螺栓

ϕ8mm吊杆

铝合金龙骨

条形铝扣板 —— 铝合金扣条

条形铝扣板顶棚（圆弧倒角）节点图

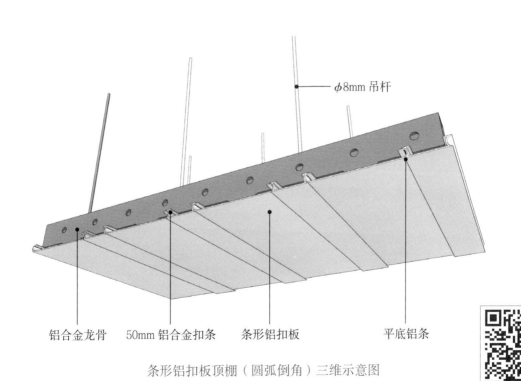

ϕ8mm 吊杆

铝合金龙骨　50mm铝合金扣条　　条形铝扣板　　　平底铝条

条形铝扣板顶棚（圆弧倒角）三维示意图

扫 / 码 / 观 / 看
"条形铝扣板顶棚（圆弧
倒角）"三维节点动图

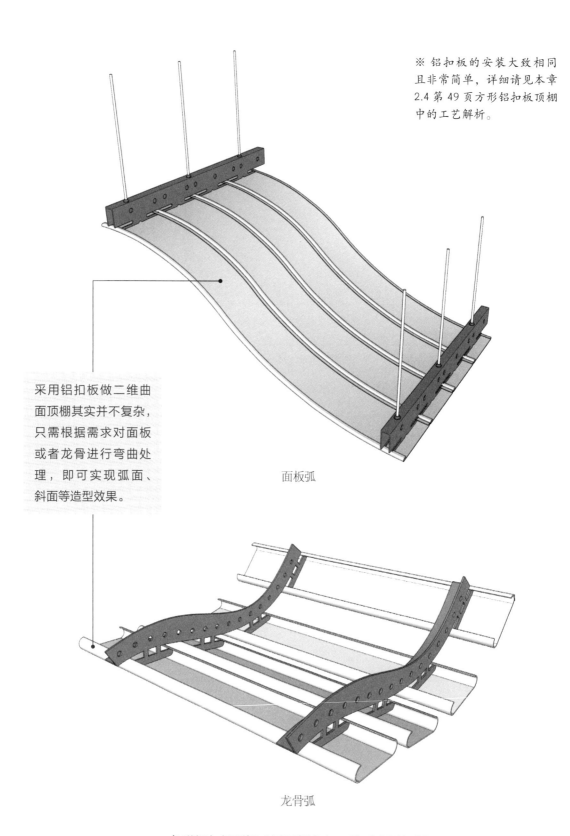

※ 铝扣板的安装大致相同且非常简单，详细请见本章 2.4 第 49 页方形铝扣板顶棚中的工艺解析。

采用铝扣板做二维曲面顶棚其实并不复杂，只需根据需求对面板或者龙骨进行弯曲处理，即可实现弧面、斜面等造型效果。

面板弧

龙骨弧

条形铝扣板顶棚（圆弧倒角）三维示意图解析

通过龙骨弧面的方式来达到顶棚弧形的效果，弧形顶棚虽一定程度上减少了层高，但在视觉上有一定的冲击力。

条形铝扣板顶棚（圆弧倒角）实景效果图

▶▶ **条形铝扣板顶棚（C 型）**

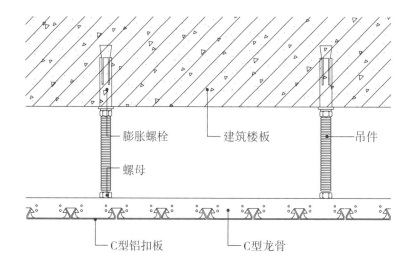

膨胀螺栓　　建筑楼板　　吊件

螺母

C型铝扣板　　C型龙骨

条形铝扣板顶棚（C 型）节点图

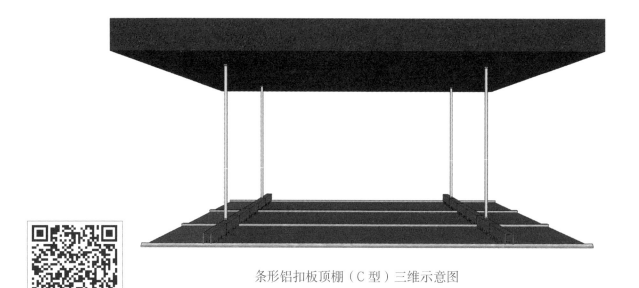

条形铝扣板顶棚（C 型）三维示意图

扫 / 码 / 观 / 看
"条形铝扣板顶棚（C
型）"三维节点动图

※ 铝扣板的安装大致相同且非常简单，详细请见本章 2.4 第 49 页方形铝扣板顶棚中的工艺解析。

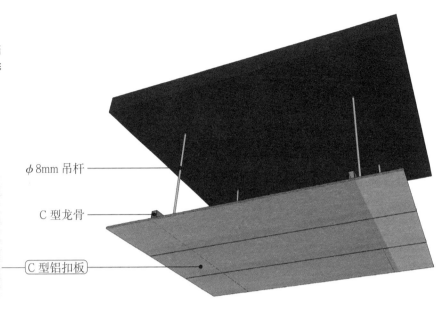

铝扣板切割时，除了控制好切割的角度，应将切口部位用锉刀修平，将毛边及不平处修整好，然后再用同颜色的胶黏剂将接口部位进行黏合。

φ8mm 吊杆
C 型龙骨
C 型铝扣板

条形铝扣板顶棚（C 型）三维示意图解析

C 型铝扣板做顶棚时，其安装缝隙很小，不会影响装饰效果，而且铝扣板的位置与走廊位置相对应，在视觉上根据功能对空间进行分割。

条形铝扣板顶棚（C 型）实景效果图

2.6
铝格栅顶棚

▶▶ 铝格栅顶棚（1）

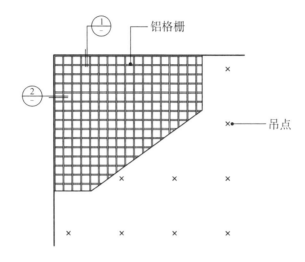

铝格栅

吊点

铝格栅顶棚（1）平面图

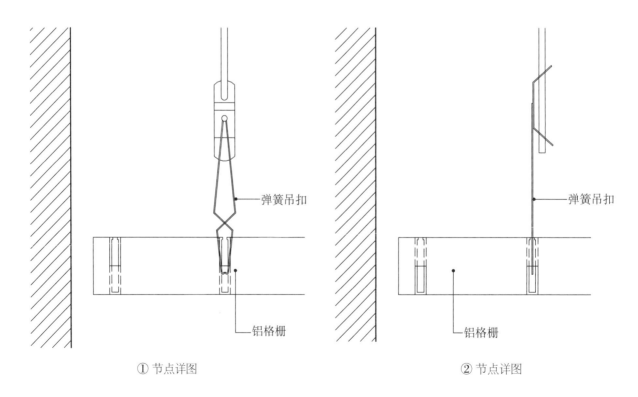

弹簧吊扣

弹簧吊扣

铝格栅

铝格栅

① 节点详图

② 节点详图

铝格栅顶棚（1）节点图

该做法采用弹簧吊扣的安装方式，选用时应注意龙骨及配件自身的承载力。因此，该做法一般用于小面积的空间。

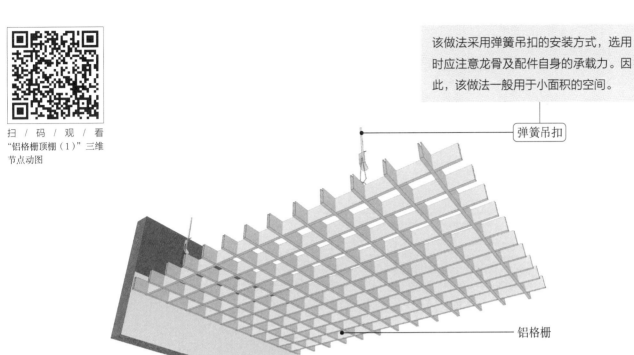

弹簧吊扣

铝格栅

铝格栅顶棚（1）三维示意图解析

工艺解析

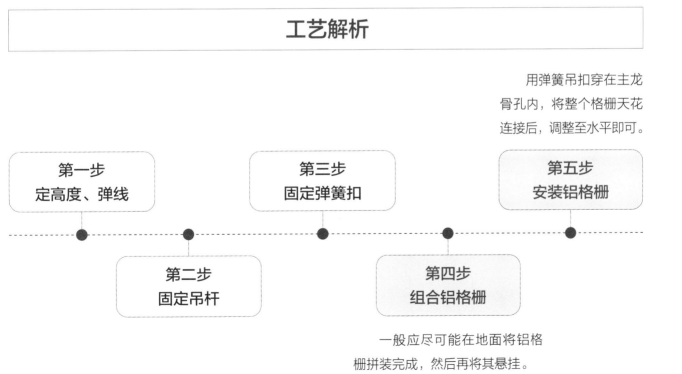

用弹簧吊扣穿在主龙骨孔内，将整个格栅天花连接后，调整至水平即可。

第一步
定高度、弹线

第三步
固定弹簧扣

第五步
安装铝格栅

第二步
固定吊杆

第四步
组合铝格栅

一般应尽可能在地面将铝格栅拼装完成，然后再将其悬挂。

大面积的铝格栅顶棚丰富了空旷、宽阔的空间，
楼梯处的白色顶棚成为楼梯的标志，让人从远
处即可知道楼梯的位置。

铝格栅顶棚（1）实景效果图

▶▶ 铝格栅顶棚（2）

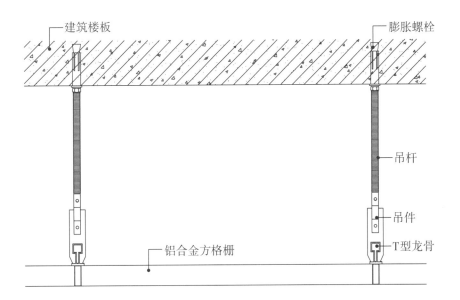

建筑楼板
膨胀螺栓
吊杆
吊件
铝合金方格栅
T型龙骨

铝格栅顶棚（2）节点图

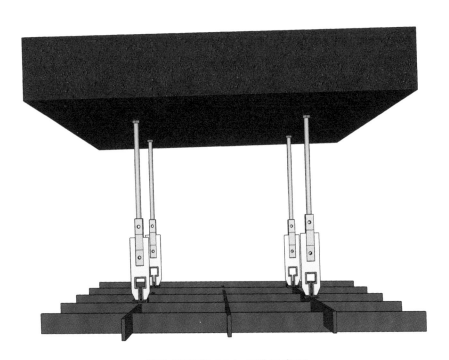

铝格栅顶棚（2）三维示意图

扫 / 码 / 观 / 看
"铝格栅顶棚（2）"三维
节点动图

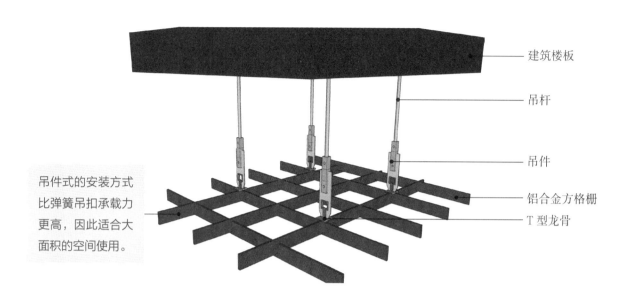

建筑楼板

吊杆

吊件

铝合金方格栅

T 型龙骨

吊件式的安装方式比弹簧吊扣承载力更高，因此适合大面积的空间使用。

铝格栅顶棚（2）三维示意图解析

工艺解析

弹线时预先要留出风口及各种明露孔口的位置。

通过 T 型龙骨将铝格栅和连接件相接，将其固定好。

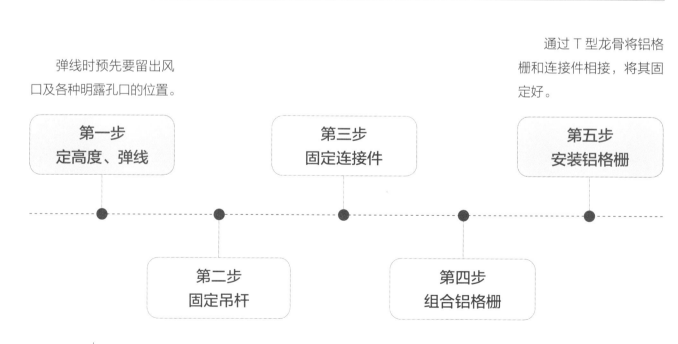

第一步
定高度、弹线

第三步
固定连接件

第五步
安装铝格栅

第二步
固定吊杆

第四步
组合铝格栅

铝格栅在视觉上使空间的宽度和深度有了一
定的延伸感，有放大空间的视觉效果。

铝格栅顶棚（2）实景效果图

2.7
铝方通顶棚

▶▶ 铝方通顶棚（卡接式 1）

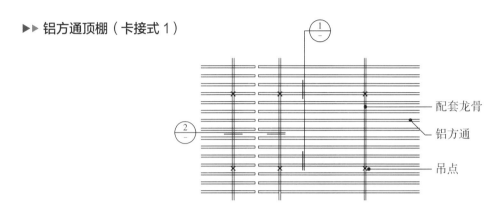

配套龙骨

铝方通

吊点

铝方通顶棚（卡接式 1）平面图

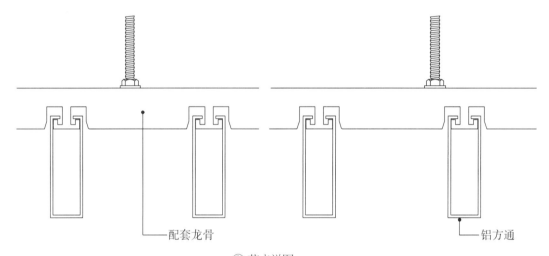

配套龙骨

铝方通

① 节点详图

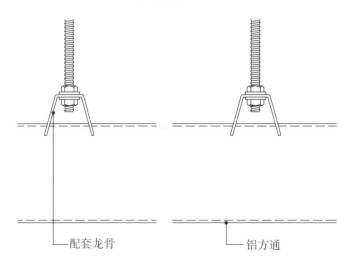

配套龙骨

铝方通

② 节点详图

铝方通顶棚（卡接式 1）节点图

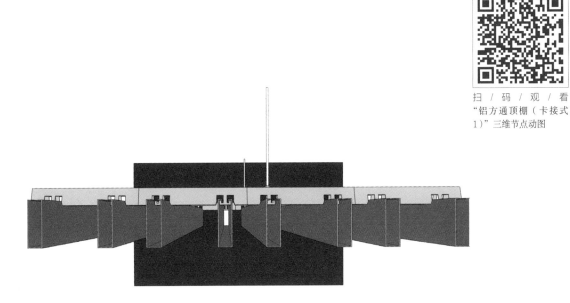

铝方通顶棚（卡接式 1）三维示意图

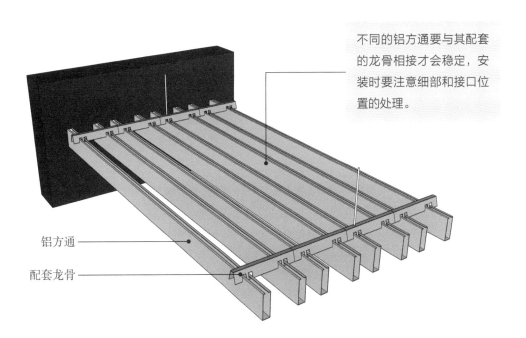

不同的铝方通要与其配套
的龙骨相接才会稳定，安
装时要注意细部和接口位
置的处理。

铝方通

配套龙骨

※ 铝方通的安装与铝扣板的安装方法十分相似，其安装的重点在于配套的龙骨，
对安装手法要求很低，详细请见本章 2.4 第 49 页方形铝扣板顶棚中的工艺解析。

铝方通顶棚（卡接式 1）三维示意图解析

铝方通中间加入线性灯，不规律分布
让顶棚的设计更加灵动。

铝方通顶棚（卡接式1）实景效果图

▶▶ 铝方通顶棚（卡接式 2）

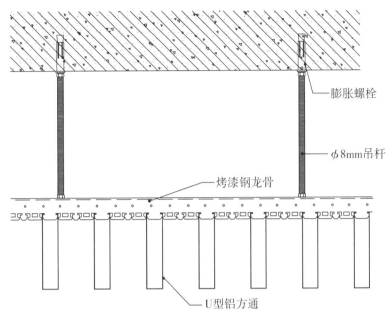

膨胀螺栓

φ8mm吊杆

烤漆钢龙骨

U型铝方通

铝方通顶棚（卡接式 2）节点图

※ 铝方通的安装与铝扣板的安装方法十分相似，其安装的重点在于配套的龙骨，对安装手法要求很低，详细请见本章 2.4 第 49 页方形铝扣板顶棚中的工艺解析。

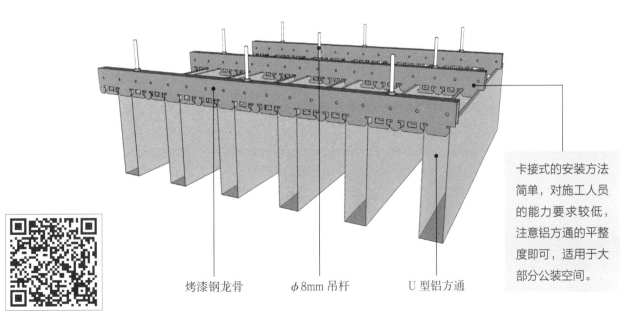

烤漆钢龙骨　　φ8mm吊杆　　U型铝方通

卡接式的安装方法简单，对施工人员的能力要求较低，注意铝方通的平整度即可，适用于大部分公装空间。

扫 / 码 / 观 / 看
"铝方通顶棚（卡接式 2）"三维节点动图

铝方通顶棚（卡接式 2）三维示意图解析

铝方通从顶棚延伸到墙面，增加了整
个空间的延伸感。

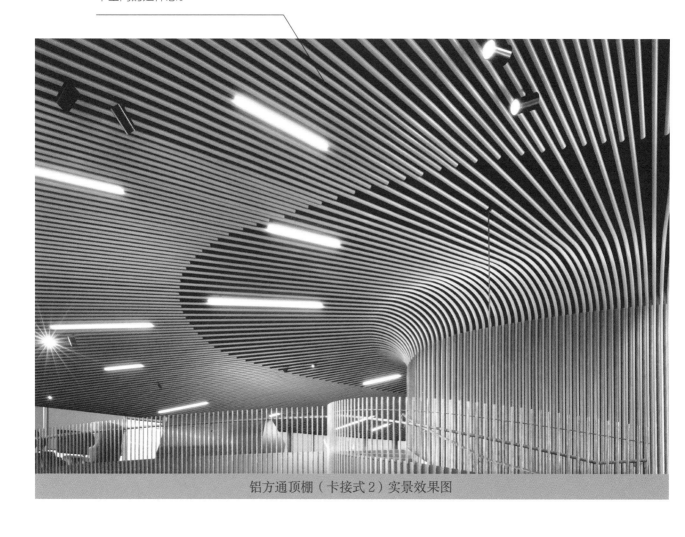

铝方通顶棚（卡接式2）实景效果图

▶▶ 铝方通顶棚（螺接式）

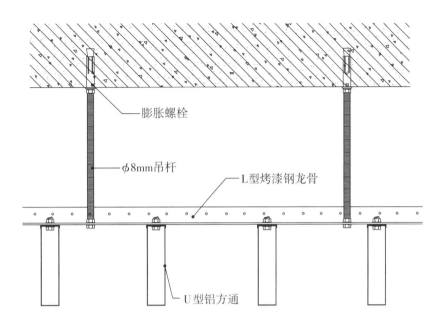

膨胀螺栓

φ8mm吊杆

L型烤漆钢龙骨

U型铝方通

铝方通顶棚（螺接式）节点图

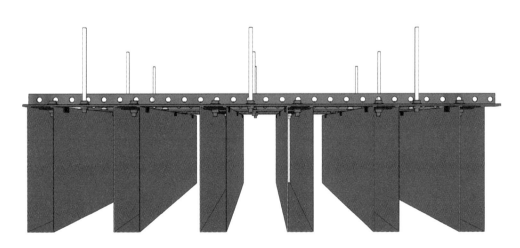

铝方通顶棚（螺接式）三维示意图

扫 / 码 / 观 / 看
"铝方通顶棚（螺接式）"
三维节点动图

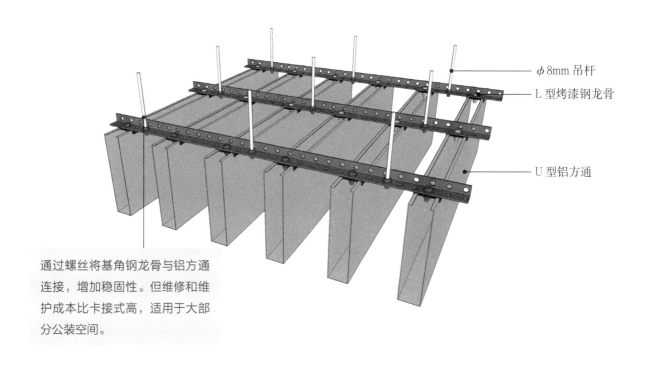

φ8mm 吊杆

L 型烤漆钢龙骨

U 型铝方通

通过螺丝将基角钢龙骨与铝方通连接，增加稳固性。但维修和维护成本比卡接式高，适用于大部分公装空间。

铝方通顶棚（螺接式）三维示意图解析

工艺解析

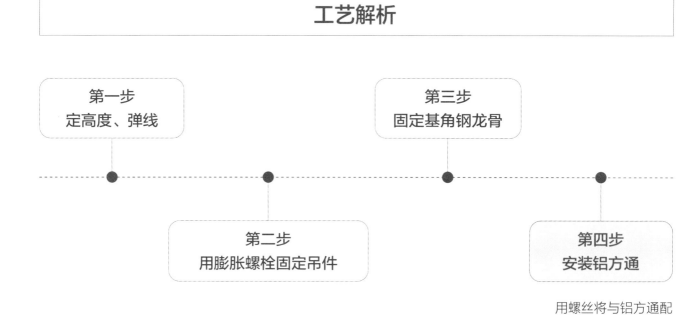

第一步
定高度、弹线

第三步
固定基角钢龙骨

第二步
用膨胀螺栓固定吊件

第四步
安装铝方通

用螺丝将与铝方通配套的金属连接片与基角钢龙骨固定在一起，最后对铝方通进行调平即可。

铝方通呈条纹状，相比深灰色的顶棚
更具开放性的视野，使人心胸开阔。

铝方通顶棚（螺接式）实景效果图

▶▶ 铝方通顶棚（圆头形）

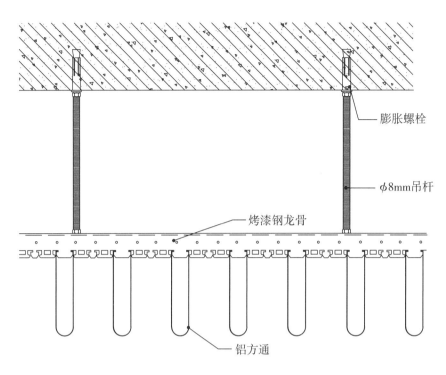

铝方通顶棚（圆头形）节点图

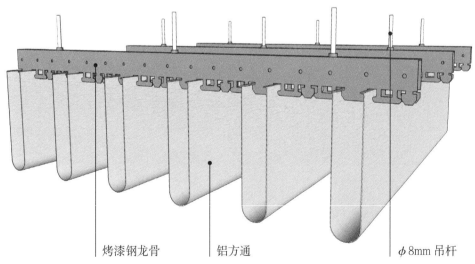

烤漆钢龙骨　　铝方通　　φ8mm吊杆

※ 圆头形铝方通的安装与铝扣板的安装方法十分相似，其安装的重点在于配套的龙骨，详细请见本章2.4第49页方形铝扣板顶棚中的工艺解析。

铝方通顶棚（圆头形）三维示意图解析

扫 / 码 / 观 / 看
"铝方通顶棚（圆头形）"
三维节点动图

2.8
铝圆通顶棚

▶▶ 铝圆通顶棚（卡接式）

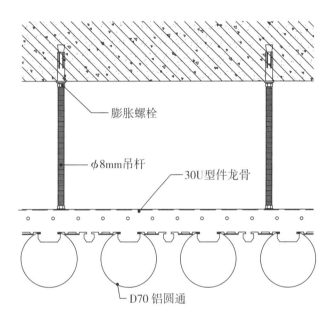

铝圆通顶棚（卡接式）节点图

- 膨胀螺栓
- $\phi 8mm$ 吊杆
- 30U型件龙骨
- D70 铝圆通

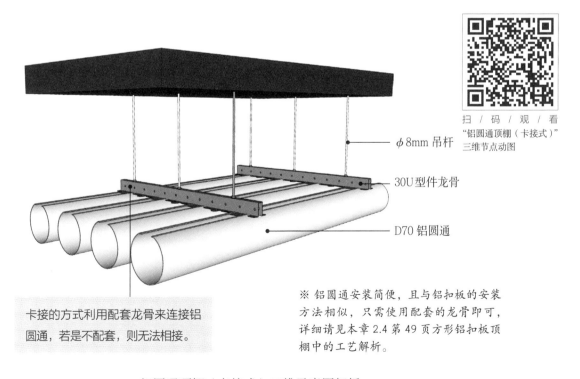

- $\phi 8mm$ 吊杆
- 30U型件龙骨
- D70 铝圆通

扫 / 码 / 观 / 看
"铝圆通顶棚（卡接式）"
三维节点动图

卡接的方式利用配套龙骨来连接铝圆通，若是不配套，则无法相接。

※ 铝圆通安装简便，且与铝扣板的安装方法相似，只需使用配套的龙骨即可，详细请见本章 2.4 第 49 页方形铝扣板顶棚中的工艺解析。

铝圆通顶棚（卡接式）三维示意图解析

铝圆通整体会更加柔和，弱化空间的尖锐感。

铝圆通顶棚（卡接式）实景效果图

▶▶ 铝圆通顶棚（螺接式）

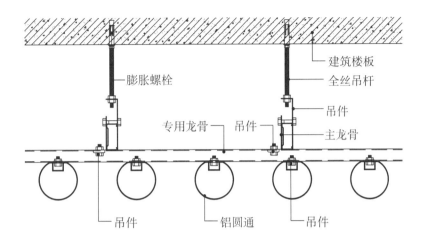

铝圆通顶棚（螺接式）节点图

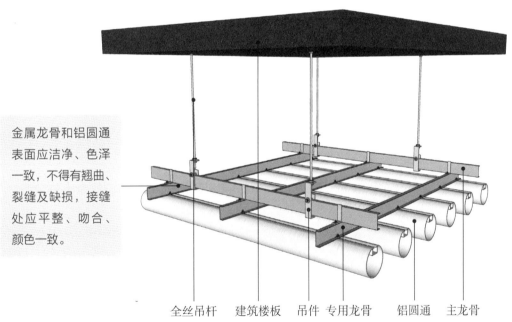

金属龙骨和铝圆通表面应洁净、色泽一致，不得有翘曲、裂缝及缺损，接缝处应平整、吻合、颜色一致。

铝圆通顶棚（螺接式）三维示意图解析

扫 / 码 / 观 / 看
"铝圆通顶棚（螺接式）"
三维节点动图

工艺解析

第一步：定高度、弹线

根据设计图纸的标注，在其高度上弹线，弹线时要注意预留出风口、灯具以及其他明露孔的位置。

第二步：固定吊件

龙骨的吸顶吊件用膨胀螺栓与钢筋混凝土板固定。

第三步：固定主龙骨

用螺丝将吊件与 D50 或 D60 轻钢龙骨主龙骨相固定，主龙骨的间距不得大于 1200mm。

第四步：固定专用龙骨

用 6mm 螺栓将专用龙骨与主龙骨相固定，且专用龙骨与主龙骨的方向相垂直。

第五步：固定铝圆通

用 6mm 螺栓将铝圆通与专用龙骨固定在一起，铝圆通的间距根据设计图纸进行安装，铝圆通的安装方向与主龙骨方向一致。

第六步：安装盖板

在铝圆通的端头位置安装盖板，遮盖住圆通内部的螺栓等结构。

根据铝圆通间距的大小差异及色彩差异营造出不同的装饰效果。

铝圆通顶棚（螺接式）实景效果图

2.9
铝垂片顶棚

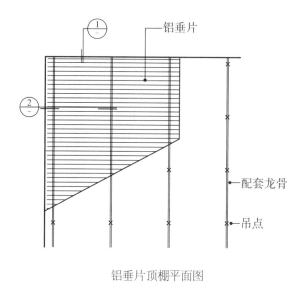

铝垂片顶棚平面图

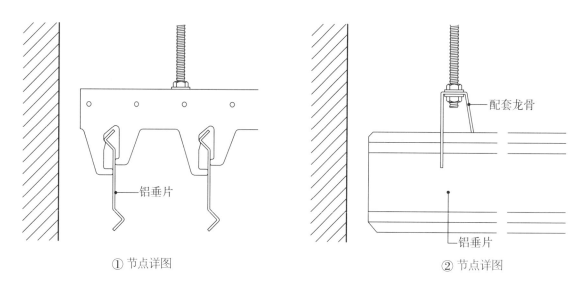

① 节点详图

② 节点详图

铝垂片顶棚节点图

扫 / 码 / 观 / 看
"铝垂片顶棚"三维节点
动图

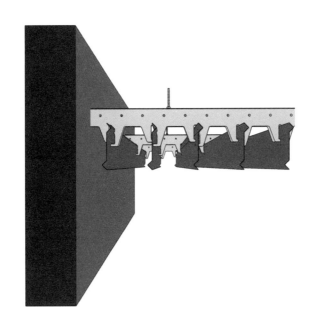

铝垂片顶棚三维示意图

配套龙骨

铝垂片

铝垂片质轻，且有一定的通透性，且成本低、施工快，被广泛用于公共空间，常见规格有 100mm、200mm。

※ 铝垂片安装简便，只需使用配套的龙骨即可，详细请见本章 2.4 第 49 页方形铝扣板顶棚中的工艺解析。

铝垂片顶棚三维示意图解析

铝垂片薄且质轻，线性灯穿插在其中，
层次分明，使顶棚富有动感。

铝垂片顶棚实景效果图

2.10
铝蜂窝复合板顶棚

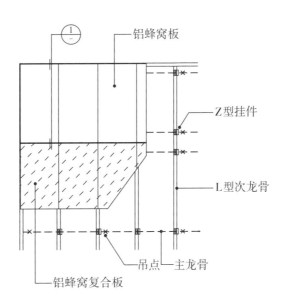

铝蜂窝板

Z型挂件

L型次龙骨

吊点 — 主龙骨

铝蜂窝复合板

铝蜂窝复合板顶棚平面图

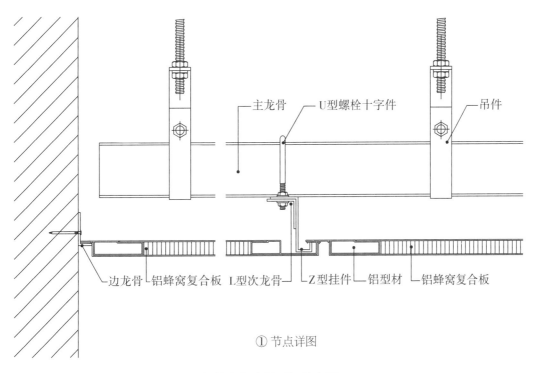

主龙骨 — U型螺栓十字件 — 吊件

边龙骨 — 铝蜂窝复合板 — L型次龙骨 — Z型挂件 — 铝型材 — 铝蜂窝复合板

① 节点详图

铝蜂窝复合板顶棚节点图

扫 / 码 / 观 / 看
"铝蜂窝复合板顶棚"三维节点动图

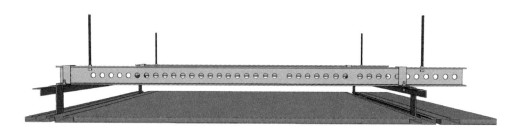

铝蜂窝复合板顶棚三维示意图

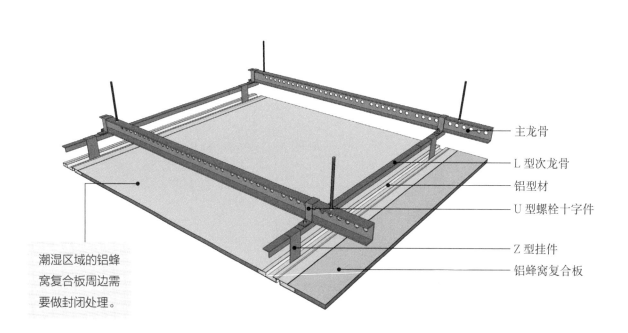

主龙骨

L 型次龙骨

铝型材

U 型螺栓十字件

Z 型挂件

铝蜂窝复合板

潮湿区域的铝蜂窝复合板周边需要做封闭处理。

铝蜂窝复合板顶棚三维示意图解析

工艺解析

第一步：定高度、弹线

根据设计图纸所定的高度，在空间的四面墙体上进行弹线，并弹出吊点的位置，方便安装吊杆。

第二步：固定吊杆

使用膨胀螺栓将全丝吊杆与建筑楼板相固定。

第三步：安装龙骨

使用 ϕ8mm 螺丝将龙骨与吊件相接，固定好主龙骨。

第四步：安装边龙骨

根据顶棚的高度在四周的墙体上安装边龙骨，用自攻螺丝将边龙骨与墙体固定。

第五步：安装次龙骨

采用 U 型螺栓十字件将次龙骨和 Z 型挂件相固定，次龙骨和主龙骨将 Z 型挂件夹在中间，使安装更加稳固。

第六步：安装铝蜂窝复合板

将铝蜂窝复合板直接搭在边龙骨以及 Z 型挂件上，这种安装方式简单，加工方便，吊装后还可以上人进行维修，适用于任何造型的顶棚安装。

穿孔的铝蜂窝复合板中孔眼不等大，且呈不规则分
布，光线从孔眼中透出，均匀地照亮整个房间。

铝蜂窝复合板顶棚实景效果图

2.11
金属网格顶棚（明龙骨）

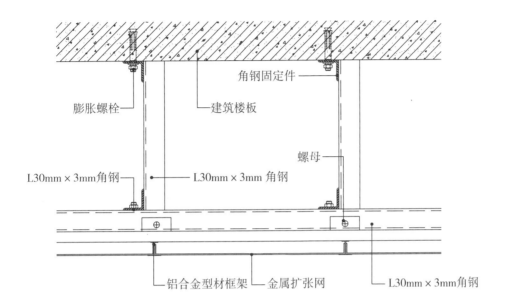

角钢固定件

膨胀螺栓

建筑楼板

螺母

L30mm×3mm角钢

L30mm×3mm 角钢

铝合金型材框架 金属扩张网 L30mm×3mm角钢

金属网格顶棚（明龙骨）节点图

金属网格顶棚（明龙骨）三维示意图

扫 / 码 / 观 / 看
"金属网格顶棚（明龙骨）"三维节点动图

金属扩张网可以将金属材料扩张至原来的 2~10 倍的长度，又被称为金属拉伸网。但金属网的形式比较单一，选择有限。其通透感使其通常被使用在层高过低的空间中来减少层高的压力。

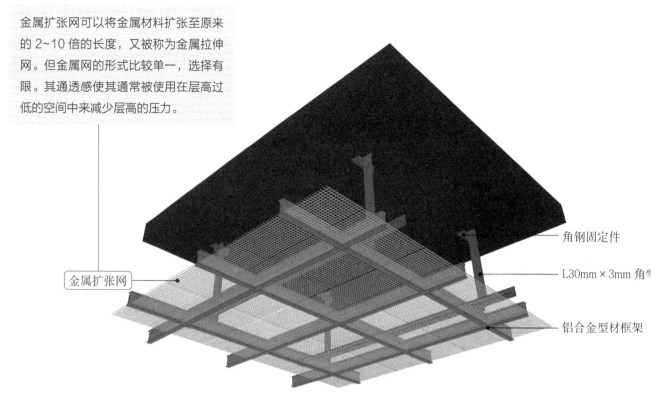

金属扩张网

角钢固定件

L30mm×3mm 角

铝合金型材框架

金属网格顶棚（明龙骨）三维示意图解析

工艺解析

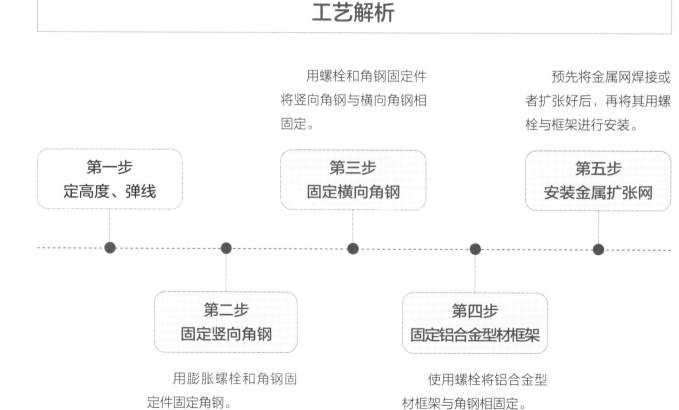

第一步
定高度、弹线

第二步
固定竖向角钢

用膨胀螺栓和角钢固定件固定角钢。

第三步
固定横向角钢

用螺栓和角钢固定件将竖向角钢与横向角钢相固定。

第四步
固定铝合金型材框架

使用螺栓将铝合金型材框架与角钢相固定。

第五步
安装金属扩张网

预先将金属网焊接或者扩张好后，再将其用螺栓与框架进行安装。

金属网格隐隐透出顶棚内部风管、线路等设备，给予整个空间空气感，不会像大面积的纯色顶棚一样显得沉闷。

金属网格顶棚（明龙骨）实景效果图

2.12
金属网格顶棚（暗龙骨）

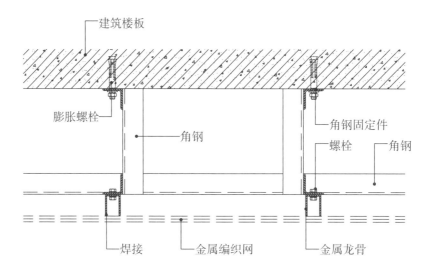

金属网格顶棚（暗龙骨）节点图

建筑楼板
膨胀螺栓
角钢
角钢固定件
螺栓
角钢
焊接
金属编织网
金属龙骨

金属网格顶棚（暗龙骨）三维示意图

扫 / 码 / 观 / 看
"金属网格顶棚（暗龙
骨）"三维节点动图

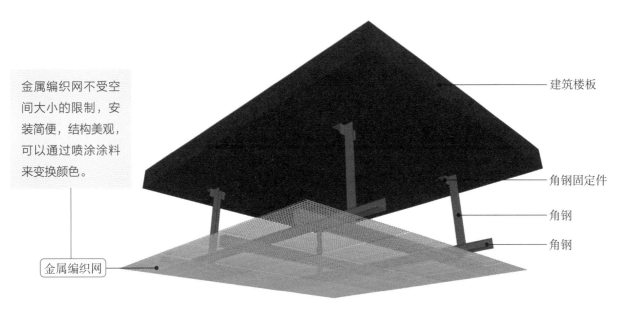

金属编织网不受空间大小的限制，安装简便，结构美观，可以通过喷涂涂料来变换颜色。

建筑楼板

角钢固定件

角钢

角钢

金属编织网

金属网格顶棚（暗龙骨）三维示意图解析

工艺解析

预先将金属网焊接好后，再将其用螺栓与 C 型龙骨进行安装。

第一步
定高度、弹线

第三步
固定横向角钢

第五步
安装金属网

第二步
固定竖向角钢

第四步
固定 C 型龙骨

使用螺栓将 C 型龙骨固定在角钢上。

暗龙骨的金属网格只是隐隐地能在其中看到
龙骨的存在，网格的形式增加了顶棚的通透
性，同时光影效果让顶棚更具特色。

金属网格顶棚（暗龙骨）实景效果图

3

其他饰面材料顶棚节点

顶棚中还有很多饰面材料可以使用，比如矿棉板、木饰面、硅酸钙板、硬包、金银箔、透光材料以及吸音板。矿棉板具有显著的吸声性能，而且防火、隔热性都较好，且密度低，可以在表面加工出各种精美的花纹和图案，因此在公装尤其是办公空间中使用频率很高。木饰面样式众多，可以营造自然、温暖的氛围，无论家装还是公装都经常使用。硅酸钙板有一定调节湿度的作用，适合家装空间使用。硬包除了造型多变外，还有一定的吸音功能，大部分室内空间都十分适用。金银箔则非常适合欧式这类华丽和个性的空间。透光材料在一定程度上可以有效地防止眩光，也很受人们喜欢。吸音板则因其良好的吸音效果被广泛运用在会议室、影院等空间内。

3.1
矿棉板顶棚（暗龙骨）

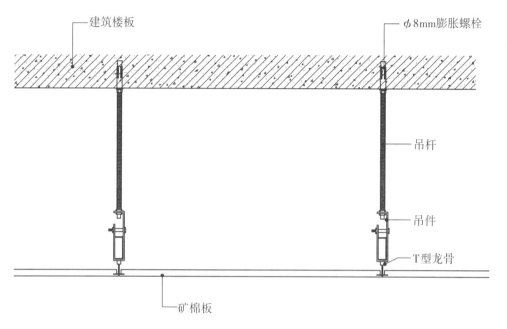

建筑楼板 ⌀8mm膨胀螺栓

吊杆

吊件

T型龙骨

矿棉板

矿棉板顶棚（暗龙骨）节点图

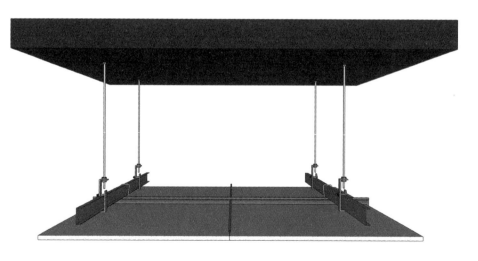

矿棉板顶棚（暗龙骨）三维示意图

扫／码／观／看
"矿棉板顶棚（暗龙骨）"
三维节点动图

暗龙骨的安装方式让矿棉板顶棚表面缝隙较小，从下方看达到几乎无缝的效果。在矿棉板安装时要注意插片的深度，板间应连接紧密，不允许有明显的缺棱、掉角和翘曲的现象。

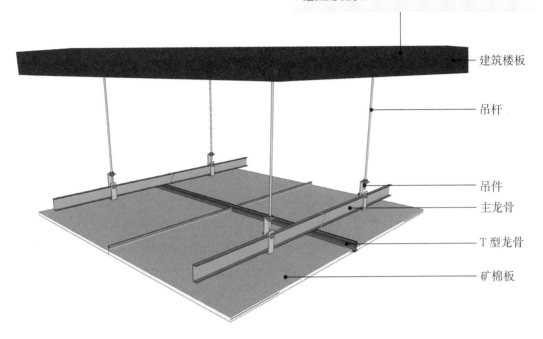

建筑楼板

吊杆

吊件

主龙骨

T 型龙骨

矿棉板

矿棉板顶棚（暗龙骨）三维示意图解析

/ 常见矿棉板分类 /

毛毛虫

最常见的矿棉板花纹，吸音效果好，开放型的表面处理方式

针孔花纹矿棉板

表面排布密集的针孔，能够增加其吸音能力，同时达到一定的美观效果

喷砂矿棉板

在表面喷涂一层密集的砂状颗粒，表面与真石漆类似，可以做多种造型，提高了防潮能力，较为高档

条纹花形矿棉板

以吸音为主要目的，美观性一般，需要基层才能将其粘贴上去

浮雕立体矿棉板

以粘贴做法为主，表面凹凸不平来达到较好的吸音效果，与条形板类似

工艺解析

第一步：定高度、弹线

确定顶棚高度，弹出顶棚线，确定矿棉板安装标准线。

第二步：安装吊杆

采用膨胀螺栓固定吊挂杆件。吊杆的一端同 L30mm×30mm×3mm 角码焊接（角码的孔径应根据吊杆和膨胀螺栓的直径确定），另一端可以用攻丝套出大于 100mm 的丝杆，也可以买成品丝杆焊接。

第三步：安装主、次龙骨

将吊挂杆件连接在主龙骨上，拧紧螺丝，采用 T 型龙骨做次龙骨，将次龙骨通过挂件吊挂在主龙骨上。

第四步：安装边龙骨

采用 L 型边龙骨，与墙体用塑料胀管或自攻螺丝固定，固定间距应为 200mm。

第五步：安装矿棉板

矿棉板的规格、厚度应根据具体的设计要求确定，一般为 600mm×600mm×15mm。

矿棉板能够有效地减少噪声，不会在室内形成回音，防火性能突出，导热系数小，容易保温，有非常好的阻燃效果。

矿棉板顶棚（暗龙骨）实景效果图

3.2
矿棉板顶棚（明龙骨）

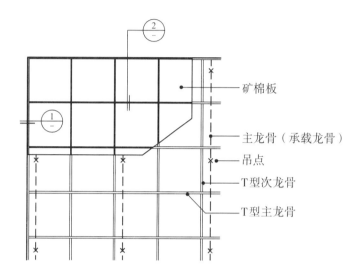

矿棉板顶棚（明龙骨）平面图

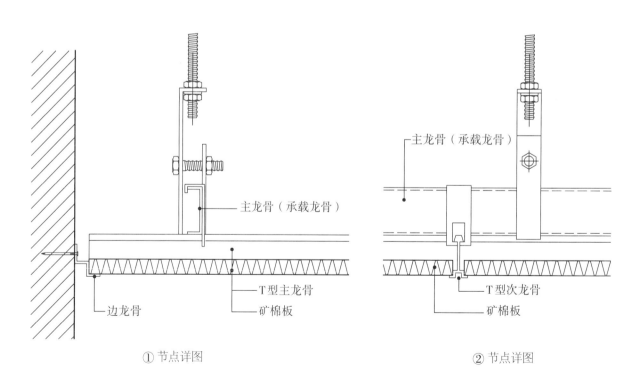

① 节点详图　　　　　　　　　　　　　② 节点详图

矿棉板顶棚（明龙骨）节点图

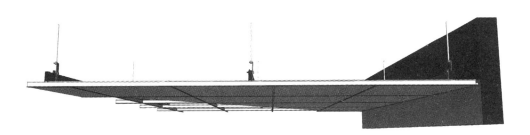

矿棉板顶棚（明龙骨）三维示意图

为了达到吸音和隔音效果往往需要降低矿棉板的密度，使其中空或冲孔，因此会降低矿棉板的强度，导致吊装的时候容易损坏。

矿棉板

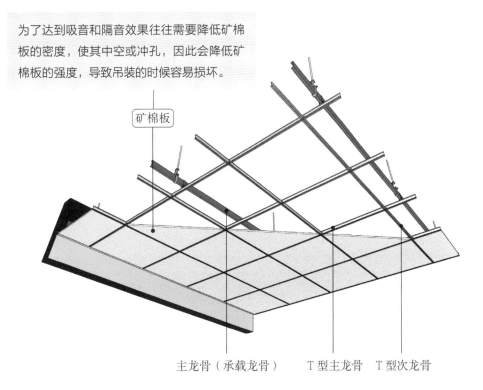

主龙骨（承载龙骨）　　T型主龙骨　　T型次龙骨

矿棉板顶棚（明龙骨）三维示意图解析

工艺解析

第一步：定高度、弹线

根据设计图纸，结合现场情况，将吊点位置弹在楼板上，龙骨间距和吊杆间距一般都控制在 1.2m 以内。再将设计标高线弹到四周墙面或柱面上，若顶棚有不同标高，应将变截面的位置弹到楼板上。

第二步：预排

对矿棉板进行预排，一般可根据中分原则进行，若两边出现小块的矿棉板，可换一种排法，尽量使靠墙的矿棉板大于 1/3 的宽度。

第三步：固定吊杆

用膨胀螺丝将吊杆固定，吊杆悬吊宜沿主龙骨方向，间距不宜大于 1.2m，在主龙骨的端部或接长处，需加设吊杆或悬挂铅丝。

第四步：安装龙骨

主、次龙骨宜从同一方向同时安装，根据已确定的主龙骨位置及标高线先大致将其基本就位，将连接件与主龙骨方孔相连，全面校正主、次龙骨的位置及水平度，连接件应错位安装。

第五步：调平

调平时要注意一定要从一端调向另一端，要做到纵横平直。

第六步：安装饰面板

将龙骨吊装调直找平后，可将饰面板搁在主、次龙骨组成的框内，板搭在龙骨上即可，但要注意饰面板的四边必须与龙骨紧密相贴，不能因翘曲留下可见缝。

矿棉板成本低，明龙骨也易于安装，十分
适用于大面积的开放型办公空间。

矿棉板顶棚（明龙骨）实景效果图

3.3
矿棉板顶棚（明暗龙骨结合）

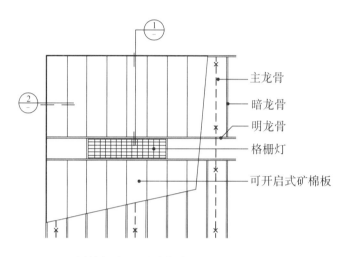

主龙骨
暗龙骨
明龙骨
格栅灯
可开启式矿棉板

矿棉板顶棚（明暗龙骨结合）平面图

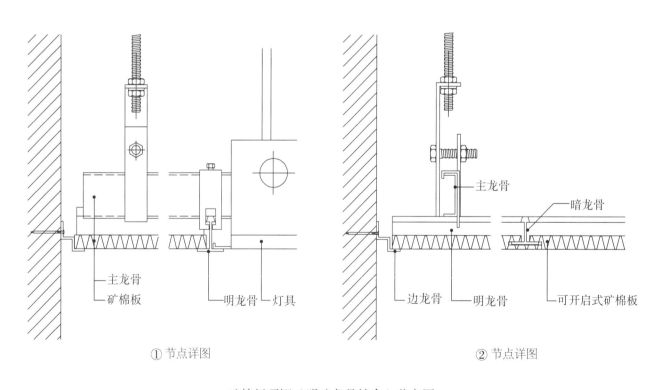

主龙骨
矿棉板
明龙骨——灯具

① 节点详图

主龙骨
暗龙骨
边龙骨——明龙骨
可开启式矿棉板

② 节点详图

矿棉板顶棚（明暗龙骨结合）节点图

扫 / 码 / 观 / 看
"矿棉板顶棚（明暗龙骨
结合）"三维节点动图

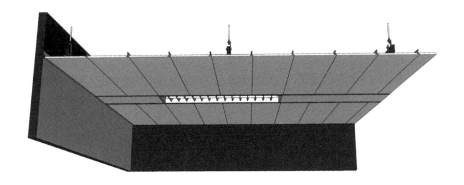

矿棉板顶棚（明暗龙骨结合）三维示意图

明暗龙骨结合的方式结合了明龙骨和暗龙骨双方的优点，根据不同的需求灵活决定局部矿棉板的安装方式。

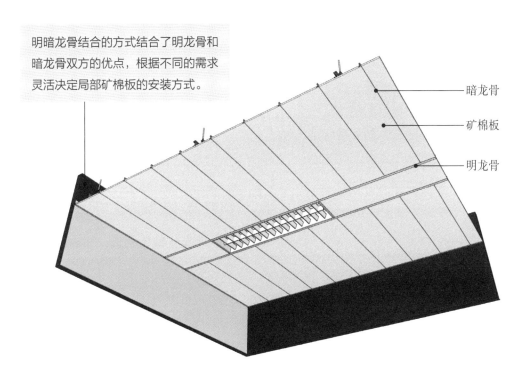

暗龙骨

矿棉板

明龙骨

矿棉板顶棚（明暗龙骨结合）三维示意图解析

工艺解析

第一步：定高度、弹线

确定顶棚的高度，弹出顶棚线，确定矿棉板安装标准线，同时也要确定两种不同安装方式吊杆的位置，方便后续结构的安装。

第二步：安装吊杆

制作好的吊杆上应做防锈处理，用膨胀螺栓固定在楼板上，用冲击电锤打孔，孔径应稍大于膨胀螺栓的直径。安装时上端与预埋件焊接，下端套丝后与吊杆连接，安装完的吊杆端头外露长度不小于 3mm。

第三步：安装主、次龙骨

一般采用 C38 龙骨做主龙骨，主龙骨间距一般为 900mm~1200mm，主龙骨安装时应根据要求顶棚起拱 1/200，随时检查龙骨平整度。配套次龙骨一般选用 T 型龙骨，间距与饰面板横向规格相同，在与主龙骨平行方向安装 600mm 的横撑龙骨，间距为 600mm 或 1200mm。

第四步：安装边龙骨

采用 L 型边龙骨，与墙体用自攻螺丝固定，安装边龙骨前墙面应用腻子找平，可避免将来墙面刮腻子时出现污染和不易找平的情况。

第五步：安装矿棉板

安装矿棉板之前必须对顶棚内的各种管线设备进行检查验收，消防及其他水管经打压试验合格后，才允许安装矿棉板。

顶棚大部分因采用暗龙骨而属于无缝的状态，灯具及风口则用明龙骨来固定，使整个顶棚非常干净、整洁，通常使用在办公空间。

矿棉板顶棚（明暗龙骨结合）实景效果图

3.4
木饰面顶棚（干挂法）

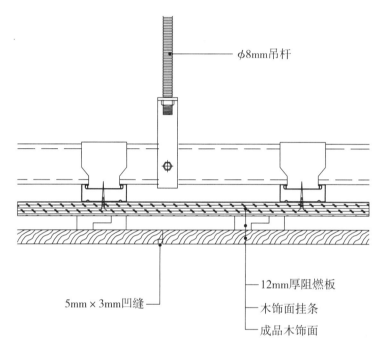

ø8mm吊杆

12mm厚阻燃板

木饰面挂条

成品木饰面

5mm×3mm凹缝

木饰面顶棚（干挂法）节点图

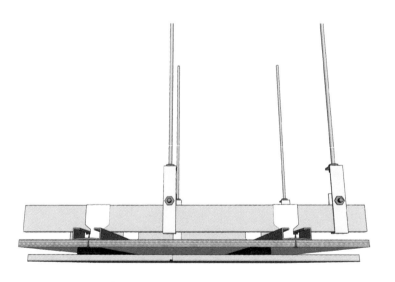

木饰面顶棚（干挂法）三维示意图

扫 / 码 / 观 / 看
"木饰面顶棚（干挂法）"
三维节点动图

木饰面顶棚采用干挂法能够更好地调整顶棚的平整度，同时木饰面纹理清晰，根据不同的木料，其饰面板有不同的质地或纹理。

木饰面挂条

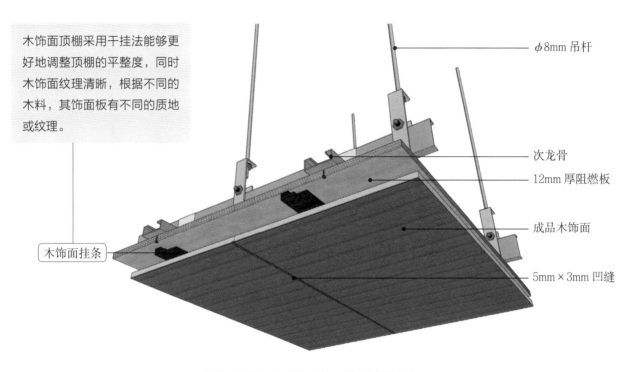

φ8mm 吊杆

次龙骨

12mm 厚阻燃板

成品木饰面

5mm×3mm 凹缝

木饰面顶棚（干挂法）三维示意图解析

/ 常见木饰面材料 /

榉木	枫木	柚木	胡桃木	水曲柳
质地坚硬，强韧，抗磨、抗腐又抗击撞，干燥之后不容易出现翘起的裂痕，透明的漆涂装效果非常好	花纹凸显水波纹，或者是细条纹。乳白色，色彩淡雅匀称，硬度相对比较大，胀缩率大，强度小	其材料质地坚硬，紧密耐用，抗磨又抗腐蚀，不容易发生形变，胀缩率为木材里最小的一类	色彩从淡灰的棕色至紫棕色，纹理粗且富有变化。透明漆涂装后显现出来的纹理更漂亮，颜色也变得更深沉	水曲柳显现黄白色，构造细腻，纹理直且相对比较粗，胀缩率不大，抗磨及抗冲击性能好

工艺解析

第一步：定高度、弹线

根据设计图纸，结合现场情况，在楼板层上弹出主龙骨的位置，主龙骨应从顶棚中心向两边分，遇到梁和管道固定点大于设计和规程要求，应增加吊杆的固定点。

第二步：安装吊杆

采用 ϕ8mm 吊杆和配件固定 D50 的主龙骨，龙骨间距一般为 900mm。

第三步：安装次龙骨

次龙骨安装，其间距为 400mm。

第四步：安装阻燃板

先将 12mm 厚的阻燃板基层安装上，再用自攻螺丝固定阻燃板与龙骨。

第五步：安装木饰面

根据木饰面的自身情况选择相适应的挂条，挂条要经过三防处理，若龙骨的间距为 300mm，那么挂条的距离就是 300mm。挂条用自攻螺丝固定在阻燃板基层上，在木饰面的背面打胶，与挂条用胶和自攻螺丝相固定。

第六步：修补木饰面

安装好木饰面后，使用油漆对有磕碰、损坏的位置进行修补。

木饰面顶棚除了整面大块饰面板外，还可以采用窄木条拼接的方式，缝隙会让空间更通透，不会过于死板，无论家装还是公装空间都经常使用木饰面顶棚。

木饰面顶棚（干挂法）实景效果图

3.5
木饰面顶棚（粘贴法）

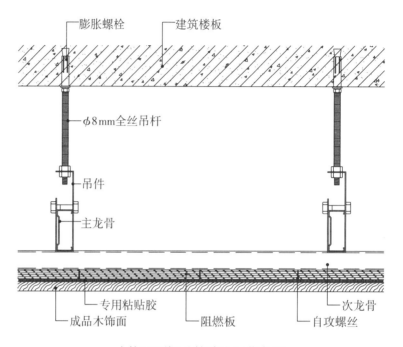

膨胀螺栓　　建筑楼板

φ8mm全丝吊杆

吊件

主龙骨

专用粘贴胶

成品木饰面　　阻燃板　　自攻螺丝　　次龙骨

木饰面顶棚（粘贴法）节点图

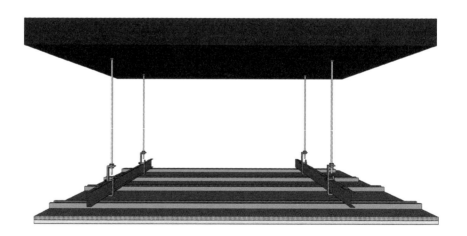

木饰面顶棚（粘贴法）三维示意图

扫／码／观／看
"木饰面顶棚（粘贴法）"
三维节点动图

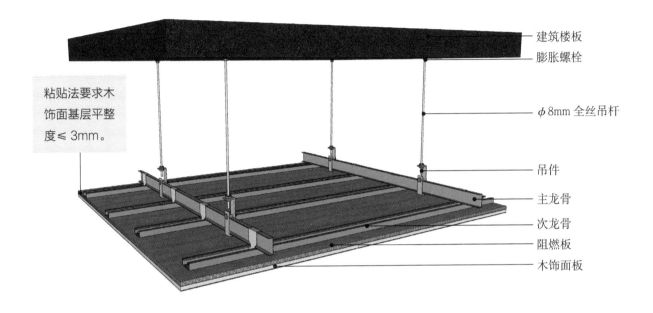

粘贴法要求木饰面基层平整度≤3mm。

建筑楼板
膨胀螺栓
φ8mm 全丝吊杆
吊件
主龙骨
次龙骨
阻燃板
木饰面板

木饰面顶棚（粘贴法）三维示意图解析

/ 木饰面挑选小技巧 /

① 检查表面木纹的瑕疵与花纹

首先，饰面板的表现要平整、完好，无死节，无挖补，无砂伤、压痕，无板面污渍等缺陷。其次，优质饰板的纹理应细致均匀、色泽清晰、美观大方、基本对称。如果花纹不好或者不自然，将来上了漆也不好看。

② 闻气味

如果板材有很强烈的异味，则说明甲醛释放量超标，不宜购买。购买时，要向商家索取检测报告，看该产品是不是符合环保标准。

③ 看贴片与基材的黏合情况

首先看木色，基材与贴片的木色应相近，无明显色差。其次看胶合情况。木皮与基材、基材内部各层之间不能出现鼓泡、分层、脱胶现象。可以用锋利的平口刀片沿胶层撬一下，如果胶层很容易被破坏，但木材完好无损，则说明胶合强度差。

工艺解析

第一步：定高度、弹线

根据设计图纸，结合现场情况，在混凝土楼板层上弹出主龙骨的位置，最大间距为 1000mm。

第二步：安装吊杆

采用膨胀螺栓固定 8mm 吊杆，若是上人顶棚建议使用 10mm 吊杆，并根据需求增加钢架、风口及检修口等设备处应附加设置吊杆。

第三步：安装龙骨

一般采用 C38 龙骨做主龙骨，间距 900mm~1200mm，配套次龙骨通过挂件吊挂在主龙骨上，在与主龙骨平行方向安装 600mm 的横撑龙骨，间距为 600mm 或 1200mm。

第四步：安装木底板

用自攻螺丝固定阻燃板，并经过防潮处理，安装时先将板就位，用直径小于自攻螺丝直径的钻头将板与龙骨钻通，再用自攻螺丝拧紧。板要在自由的状态下固定，不得出现弯棱、凸鼓现象。

第五步：安装木饰面

木饰面板的安装要用胶贴在木底板上，贴的同时要注意胶要涂匀，各个位置都应涂到，保证木饰面板和木底板之间的牢固。

木饰面与日式空间的风格相匹配，木饰面
包裹的顶棚将开放的客餐厅进行了分割。

木饰面顶棚（粘贴法）实景效果图

3.6
硅酸钙板顶棚

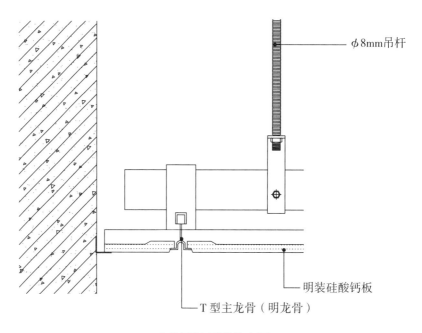

φ8mm吊杆

明装硅酸钙板

T型主龙骨（明龙骨）

硅酸钙板顶棚节点图

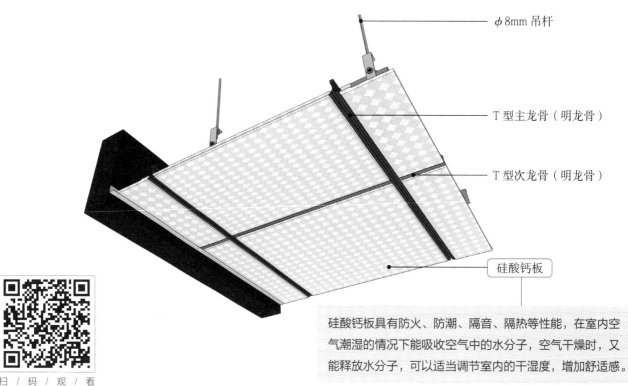

φ8mm吊杆

T型主龙骨（明龙骨）

T型次龙骨（明龙骨）

硅酸钙板

硅酸钙板具有防火、防潮、隔音、隔热等性能，在室内空气潮湿的情况下能吸收空气中的水分子，空气干燥时，又能释放水分子，可以适当调节室内的干湿度，增加舒适感。

扫 / 码 / 观 / 看
"硅酸钙板顶棚"三维节点动图

硅酸钙板顶棚三维示意图解析

--- / 硅酸钙板挑选小技巧 / ---

① 检验环保性

先看产品是否环保，是否符合 GB 6566—2010《建筑材料放射性核素限量》标准规定的 A 类装修材料要求。

② 查看是否含有石棉

选购时，要注意看背面的材质说明，部分含石棉等有害物质的产品会有害健康。

③ 注意售价

很多低价出售的材料通常都是粗制滥造或生产不达标的材料，因此最好到正规市场的授权经销商处购买，授权经销商的进货渠道、产品质量和销售服务均有保障。

工艺解析

第一步 定高度、弹线

第二步 固定吊杆

第三步 固定主龙骨

第四步 固定 T 型主、次龙骨

第五步 固定边龙骨

第六步 安装硅酸钙板

将硅酸钙板直接搁置在 T 型龙骨的翼缘上，即可安装成功。安装时可将制作好的标准尺杆卡在两个龙骨之间来控制龙骨间距，注意龙骨要调直，保证整个顶棚的平整度。

3.7
硬包顶棚

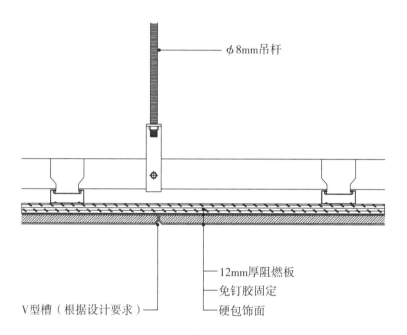

ϕ8mm吊杆

12mm厚阻燃板
免钉胶固定
硬包饰面

V型槽（根据设计要求）

硬包顶棚节点图

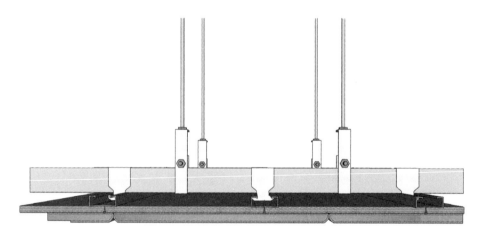

硬包顶棚三维示意图

扫 / 码 / 观 / 看
"硬包顶棚"三维节点动图

硬包是用布艺或皮革包裹在有设计造型的木工板或者高密度纤维板上，可以一定程度柔化空间，同时带有高差的立体感，也提高了家居品位。

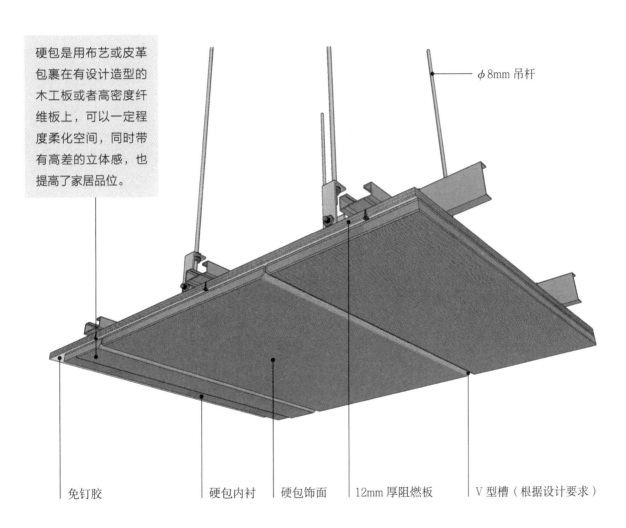

φ8mm 吊杆

免钉胶　　　硬包内衬　硬包饰面　12mm 厚阻燃板　V 型槽（根据设计要求）

硬包顶棚三维示意图解析

工艺解析

第一步：弹线

第二步：固定吊件

用膨胀螺栓将 ϕ8mm 吊件与钢筋混凝土板进行固定。

第三步：固定主龙骨

将吊杆和 D50 主龙骨通过配件连接在一起。

第四步：固定次龙骨

根据主龙骨的方向，依次固定 D50 的次龙骨。

第五步：安装阻燃板

将 12mm 厚的阻燃板用自攻螺丝与龙骨相固定。

第六步：裁切基层板

将硬包基层板根据设计图纸中的造型进行裁切，然后刷清油，进行防腐、防霉处理。

第七步：包裹硬包

待基层板晾干后，两名工人一起配合对硬包基层板进行硬包包裹。包裹时要拉紧硬包，以防日后发生空鼓。

第八步：安装硬包

将包好的硬包安装到阻燃板上，背面涂上免钉胶，再用枪钉从侧面进行固定，使硬包更加稳固。

在小型会议室设置硬包顶棚能够有效地吸音，
避免讨论的声音干扰到外面其他工作人员。

硬包顶棚实景效果图

3.8
金银箔顶棚

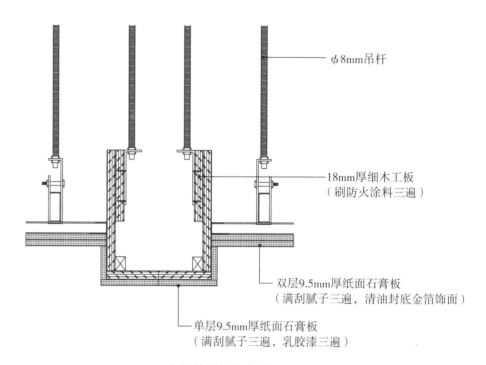

φ8mm吊杆

18mm厚细木工板
（刷防火涂料三遍）

双层9.5mm厚纸面石膏板
（满刮腻子三遍，清油封底金箔饰面）

单层9.5mm厚纸面石膏板
（满刮腻子三遍，乳胶漆三遍）

金银箔顶棚节点图

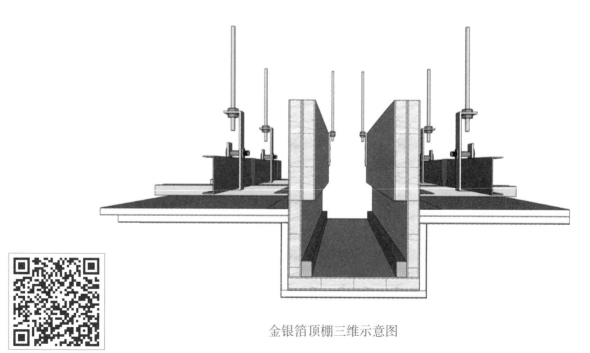

金银箔顶棚三维示意图

扫 / 码 / 观 / 看
"金银箔顶棚"三维节点
动图

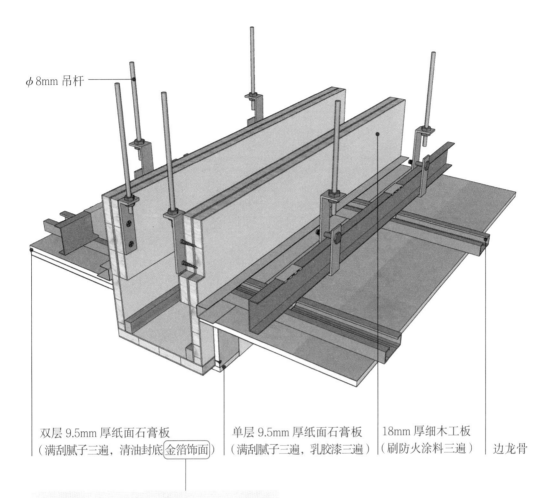

φ8mm 吊杆

双层 9.5mm 厚纸面石膏板
（满刮腻子三遍，清油封底 金箔饰面）

单层 9.5mm 厚纸面石膏板
（满刮腻子三遍，乳胶漆三遍）

18mm 厚细木工板
（刷防火涂料三遍）

边龙骨

金银箔是从古时流传下来的古老工艺，现在
已经可以用机器代替一部分制作流程，但仍
有大量工序是机器无法代替的。

金银箔顶棚三维示意图解析

/ 金银箔做旧工艺 /

油性保护层干透后，用棉布染上造旧水均匀擦涂，同时用干棉布擦抹，使表面造旧水色彩均匀，有立体感即
可。最后再喷涂硝基漆两次即可完成。

工艺解析

第一步：弹线

第二步：固定吊杆

将吊件用膨胀螺栓与钢筋混凝土板或钢架转换层进行固定。

第三步：主龙骨

用 ϕ8mm 吊杆和配件固定 D50 主龙骨。然后再依次固定 D50 次龙骨。

第四步：安装石膏板

使用双层 9.5mm 厚的纸面石膏板做基层，用自攻螺丝与龙骨进行固定，把龙骨底部封住。

第五步：刷漆

对纸面石膏板满刮腻子三遍，并带灯打磨，然后用清油封底，并在底层上喷底色漆。

第六步：涂胶水

在底层上均匀地涂上专用的金银箔胶水 1~2 遍，涂匀，等胶水风干，大约两个小时后再贴金银箔。

第七步：贴金银箔

贴时要一张一张地贴，每张纸之间不能有隙缝，但是可以重叠；贴的时候注意手不能直接与金银箔接触，否则手上的汗渍会让其发黑，影响装饰效果。

第八步：压平

若有漏贴的地方可以及时用金银箔修补，在确认没有漏贴的位置后，用海绵筒将金银箔压平，再用毛刷将其刷平。

第九步：刷明油

等全部干燥后，在金银箔表面上一层明油，起到保护、光滑、平整的作用。

会所最中心部分的顶棚采用金箔做装饰，周围还暗藏灯带，光线射到金箔面时产生反光，使圆中心有一圈金色的光，和周围透光的枫叶形成呼应的同时，也为作为顶棚的"主角"营造了富丽堂皇的氛围。

金银箔顶棚实景效果图

3.9
透光板顶棚

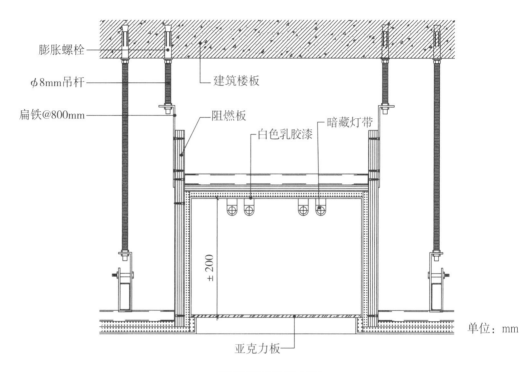

膨胀螺栓
建筑楼板
φ8mm吊杆
扁铁@800mm
阻燃板
白色乳胶漆
暗藏灯带
± 200
亚克力板
单位：mm

透光板顶棚节点图

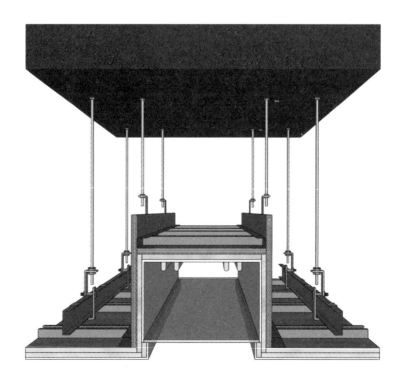

扫 / 码 / 观 / 看
"透光板顶棚"三维节点
动图

透光板顶棚三维示意图

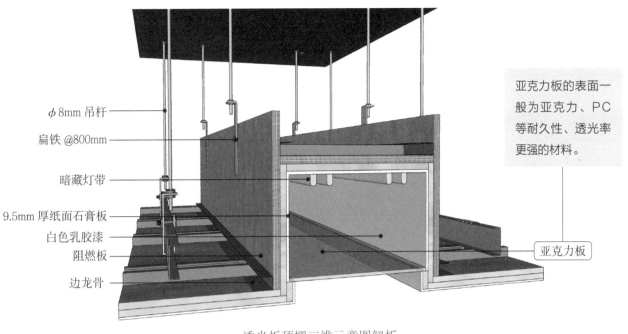

φ8mm 吊杆

扁铁 @800mm

暗藏灯带

9.5mm 厚纸面石膏板

白色乳胶漆

阻燃板

边龙骨

亚克力板的表面一般为亚克力、PC等耐久性、透光率更强的材料。

亚克力板

透光板顶棚三维示意图解析

工艺解析

在灯箱处的位置安装阻燃板，再用自攻螺丝固定在龙骨上。

对纸面石膏板满刮腻子三遍，刷乳胶漆三遍。

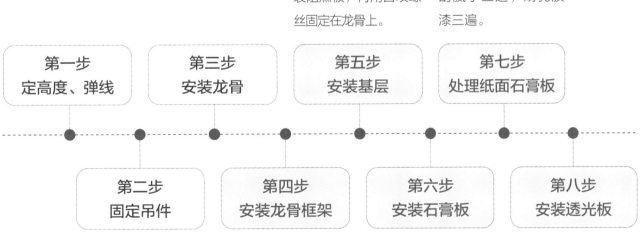

第一步
定高度、弹线

第三步
安装龙骨

第五步
安装基层

第七步
处理纸面石膏板

第二步
固定吊件

第四步
安装龙骨框架

第六步
安装石膏板

第八步
安装透光板

使用轻钢主龙骨及次龙骨来制作基层。

使用 9.5mm 纸面石膏板，用自攻螺丝与龙骨进行固定。

安装亚克力透光板，在边角处留 2mm 宽的距离，方便检修。

3.10
透光软膜顶棚

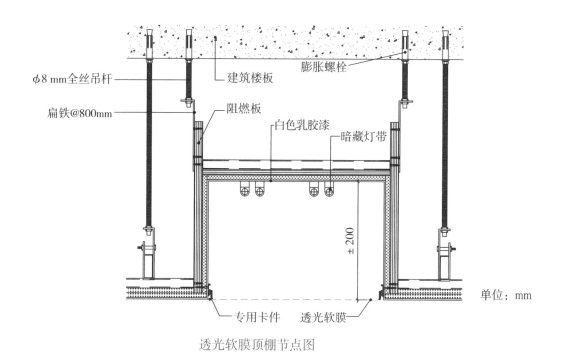

φ8 mm全丝吊杆
扁铁@800mm
建筑楼板
阻燃板
膨胀螺栓
白色乳胶漆
暗藏灯带
±200
单位：mm
专用卡件
透光软膜

透光软膜顶棚节点图

扫 / 码 / 观 / 看
"透光软膜顶棚"三维节点动图

透光软膜可以配合不同的灯光系统来展现多样的灯光效果，比其他的材料更加具有多变性。在选择时可以根据防火需求来选择，A 级防火透光软膜防火级别高，可用于任何场所；B 级则只能小面积用于一般场所。

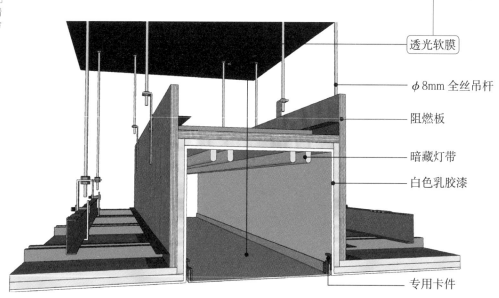

透光软膜
φ8mm 全丝吊杆
阻燃板
暗藏灯带
白色乳胶漆
专用卡件

透光软膜顶棚三维示意图解析

工艺解析

第一步：定高度、弹线

确定标高及透光软膜的位置。

第二步：安装吊杆

用膨胀螺栓将吊杆与楼板相固定。

第三步：安装基层板

第四步：安装灯带

将所需灯带长度提前测量好，整段截取，然后将其用自攻螺丝均匀地固定在基层板上，灯带之间的距离应小于等于灯带与软膜的距离，保证亮度。灯带的电线应与变压器相连。

第五步：安装变压器

在透光软膜的附近（小于10m的位置）设置方便检修的检修口，变压器和控制器也在其中。

第六步：安装铝合金龙骨

在弹好的透光软膜边缘位置固定铝合金龙骨。

第七步：安装软膜

先将软膜打开，用专用的加热风炮充分均匀地加热，然后用专用插刀把软膜紧插到铝合金龙骨上，最后把周围多出来的软膜修剪完整即可。

第八步：清理软膜

安装后，用干净毛巾把软膜清理干净。在与纸面石膏板相接处用不锈钢或其他相似材质进行收口。

透光软膜扩散了灯带的光线，在视觉
上模糊了灯源，即使人面对灯带也不
会产生眩光。

透光软膜顶棚实景效果图

4

顶棚石膏板与其他材料
相接处节点

顶棚饰面材料很多时候都是不同的材料拼接后共同形成的，不同材料间的收口也会影响顶棚的整体效果，因此不同材料相接也尤为重要。

石膏板是顶棚材料中最常见的一种，大多数材料与其相接都十分合适，根据材料的颜色、纹理等不同，进而产生不同的装饰效果。不同材料相接的设计方式能够在视觉上起到一定的分割空间作用，装饰性强，同时兼具功能性。

4.1
纸面石膏板与钢结构圆柱相接

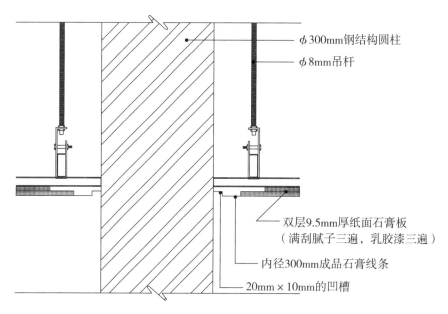

φ300mm钢结构圆柱

φ8mm吊杆

双层9.5mm厚纸面石膏板
（满刮腻子三遍，乳胶漆三遍）

内径300mm成品石膏线条

20mm×10mm的凹槽

纸面石膏板与钢结构圆柱相接节点图

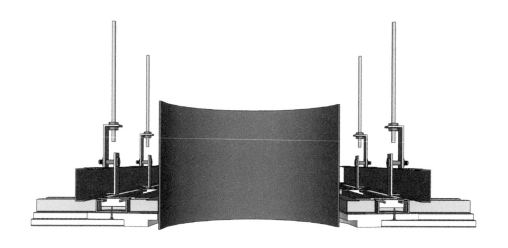

纸面石膏板与钢结构圆柱相接三维示意图

扫 / 码 / 观 / 看
"纸面石膏板与钢结构圆
柱相接"三维节点动图

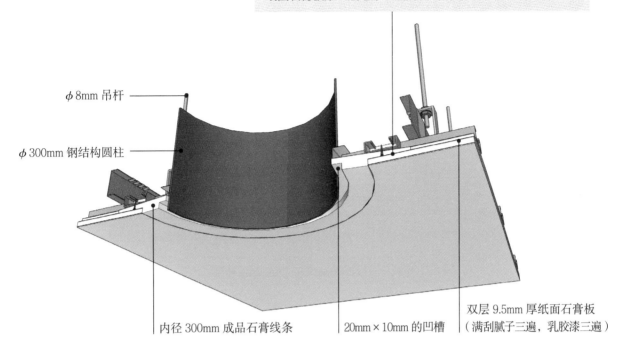

该顶棚做法，其表面材料也可换为防水石膏板（FC板），且必须与龙骨连接牢固、平整，缝隙控制在5mm~8mm。双层纸面石膏板第一层与第二层拼缝应错开安装并加胶水黏结。

ϕ8mm 吊杆

ϕ300mm 钢结构圆柱

内径 300mm 成品石膏线条

20mm×10mm 的凹槽

双层 9.5mm 厚纸面石膏板（满刮腻子三遍，乳胶漆三遍）

纸面石膏板与钢结构圆柱相接三维示意图解析

工艺解析

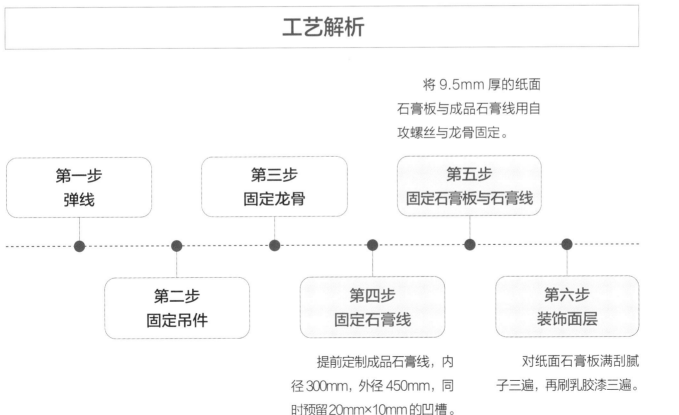

将 9.5mm 厚的纸面石膏板与成品石膏线用自攻螺丝与龙骨固定。

第一步
弹线

第三步
固定龙骨

第五步
固定石膏板与石膏线

第二步
固定吊件

第四步
固定石膏线

第六步
装饰面层

提前定制成品石膏线，内径300mm，外径450mm，同时预留20mm×10mm的凹槽。

对纸面石膏板满刮腻子三遍，再刷乳胶漆三遍。

4.2
纸面石膏板与玻璃隔断相接

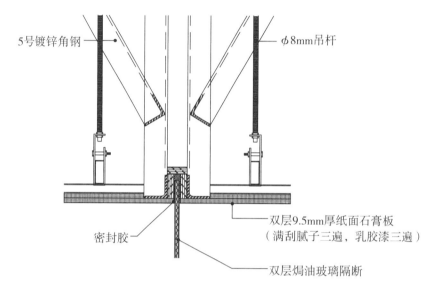

5号镀锌角钢　　　　　　　　　　　φ8mm吊杆

双层9.5mm厚纸面石膏板
（满刮腻子三遍，乳胶漆三遍）

密封胶

双层焗油玻璃隔断

纸面石膏板与玻璃隔断相接节点图

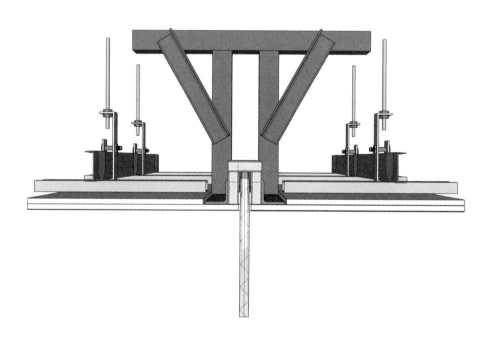

纸面石膏板与玻璃隔断相接三维示意图

扫 / 码 / 观 / 看
"纸面石膏板与玻璃隔断
相接"三维节点动图

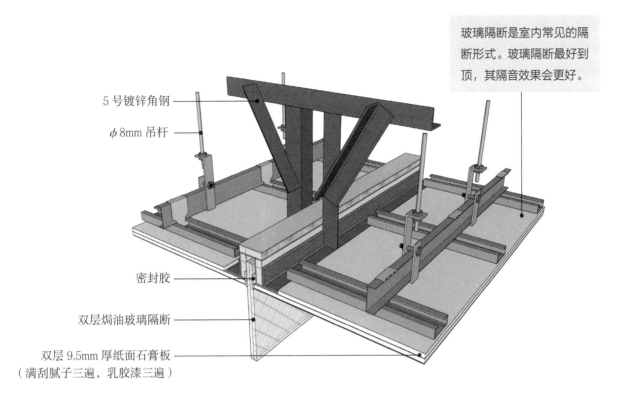

5号镀锌角钢

φ8mm 吊杆

密封胶

双层焗油玻璃隔断

双层 9.5mm 厚纸面石膏板
（满刮腻子三遍，乳胶漆三遍）

玻璃隔断是室内常见的隔断形式。玻璃隔断最好到顶，其隔音效果会更好。

纸面石膏板与玻璃隔断相接三维示意图解析

工艺解析

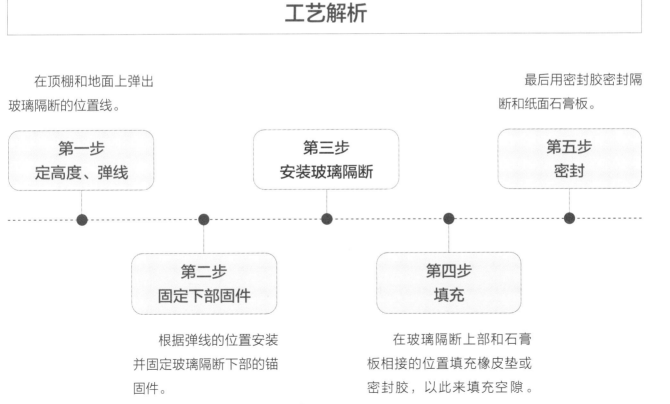

在顶棚和地面上弹出玻璃隔断的位置线。

最后用密封胶密封隔断和纸面石膏板。

第一步
定高度、弹线

第三步
安装玻璃隔断

第五步
密封

第二步
固定下部固件

第四步
填充

根据弹线的位置安装并固定玻璃隔断下部的锚固件。

在玻璃隔断上部和石膏板相接的位置填充橡皮垫或密封胶，以此来填充空隙。

无框的玻璃减少了空间的封闭感，使整个休息区更加通透，采
光更好。

纸面石膏板与玻璃隔断相接实景效果图

4.3
纸面石膏板与石膏线条相接

▶▶ 纸面石膏板与石膏线条相接（1）

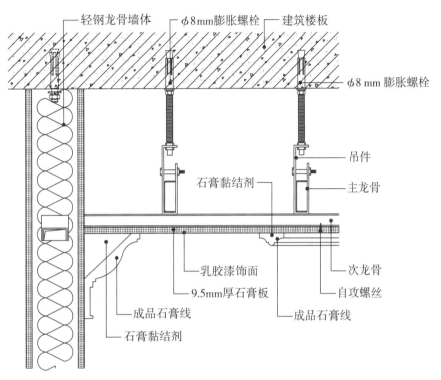

轻钢龙骨墙体　　φ8mm膨胀螺栓　　建筑楼板

φ8 mm 膨胀螺栓

吊件

石膏黏结剂　　　　　　　　　主龙骨

乳胶漆饰面　　　　　　　　　次龙骨

9.5mm厚石膏板　　　　　　　自攻螺丝

成品石膏线　　　　　　　　　成品石膏线

石膏黏结剂

纸面石膏板与石膏线条相接（1）节点图

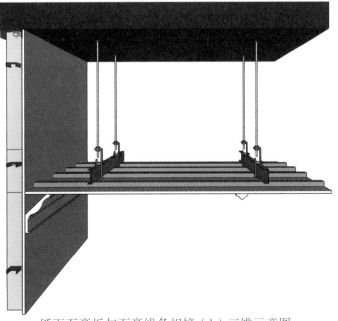

纸面石膏板与石膏线条相接（1）三维示意图

扫 / 码 / 观 / 看
"纸面石膏板与石膏线条
相接（1）"三维节点动图

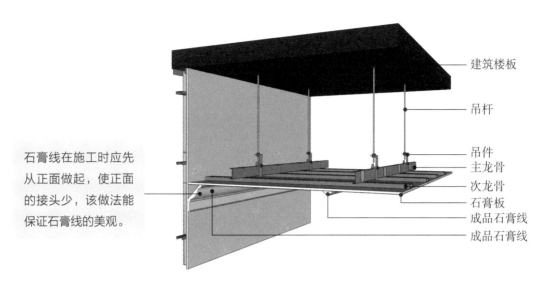

石膏线在施工时应先从正面做起，使正面的接头少，该做法能保证石膏线的美观。

建筑楼板

吊杆

吊件
主龙骨
次龙骨
石膏板
成品石膏线
成品石膏线

纸面石膏板与石膏线条相接（1）三维示意图解析

工艺解析

均匀地涂刷石膏胶粘剂，同时要快刷，避免胶粘剂过早干掉。

| 第一步
定高度、弹线 | 第三步
安装主龙骨 | 第五步
安装边龙骨 | 第七步
涂刷石膏胶粘剂 |

| 第二步
固定吊杆 | 第四步
安装次龙骨 | 第六步
安装石膏板 | 第八步
安装成品石膏线 |

施工时要做到快粘快调整，边固定边调整，调整好后在最短的时间内把该补的地方补到位，该清理的地方清理到位，然后用清水清扫干净，保证装饰面的干净整洁。

石膏线通常安装在顶棚与墙面的交接处，也可以直接黏结在顶棚上做装饰，丰富顶棚。

纸面石膏板与石膏线条相接（1）安装实景效果图

▶▶ **纸面石膏板与石膏线条相接（2）**

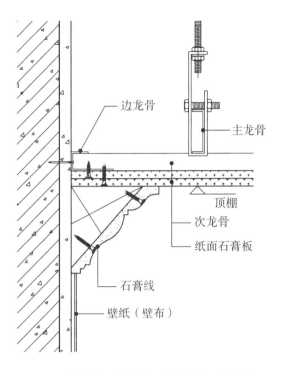

边龙骨

主龙骨

顶棚

次龙骨

纸面石膏板

石膏线

壁纸（壁布）

纸面石膏板与石膏线条相接（2）节点图

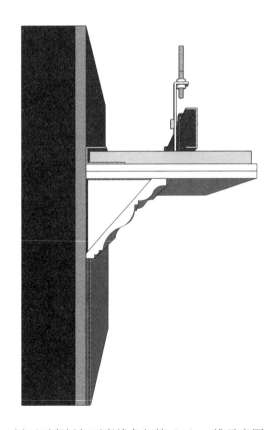

纸面石膏板与石膏线条相接（2）三维示意图

扫 / 码 / 观 / 看
"纸面石膏板与石膏线条
相接（2）"三维节点动图

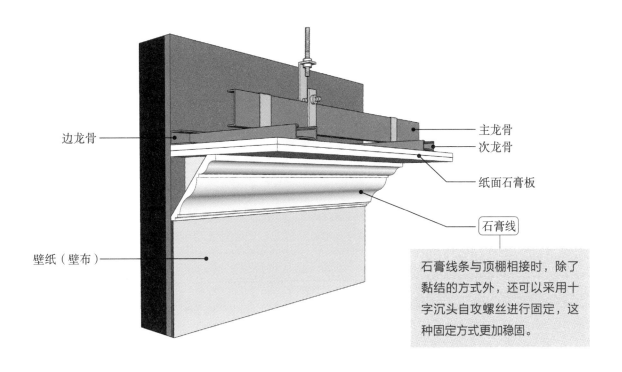

边龙骨

壁纸（壁布）

主龙骨
次龙骨

纸面石膏板

石膏线

石膏线条与顶棚相接时，除了黏结的方式外，还可以采用十字沉头自攻螺丝进行固定，这种固定方式更加稳固。

纸面石膏板与石膏线条相接（2）三维示意图解析

工艺解析

根据石膏线的角度和长度裁切出相应的木方，做夹芯板，并给夹芯板涂刷防火涂料。

将成品石膏线与夹芯板用自攻螺丝加以固定。

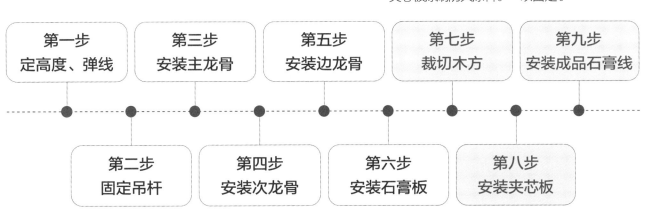

| 第一步 定高度、弹线 | 第三步 安装主龙骨 | 第五步 安装边龙骨 | 第七步 裁切木方 | 第九步 安装成品石膏线 |

| 第二步 固定吊杆 | 第四步 安装次龙骨 | 第六步 安装石膏板 | 第八步 安装夹芯板 |

用十字沉头自攻螺丝把夹芯板分别与墙面、顶面相固定。

多层石膏线装饰的顶棚，使顶棚和墙面的装饰更加丰富多样。

纸面石膏板与石膏线条相接（2）实景效果图

4.4
纸面石膏板与矿棉板相接

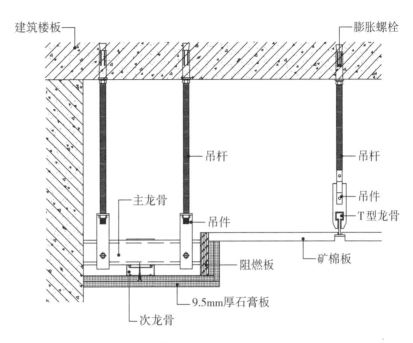

建筑楼板　　膨胀螺栓

吊杆

主龙骨　　吊杆

吊件　　吊件

T型龙骨

阻燃板　　矿棉板

9.5mm厚石膏板

次龙骨

纸面石膏板与矿棉板相接节点图

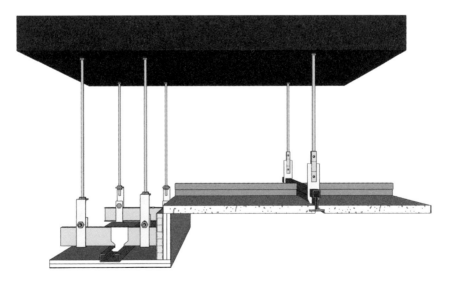

纸面石膏板与矿棉板相接三维示意图

扫 / 码 / 观 / 看
"纸面石膏板与矿棉板相
接"三维节点动图

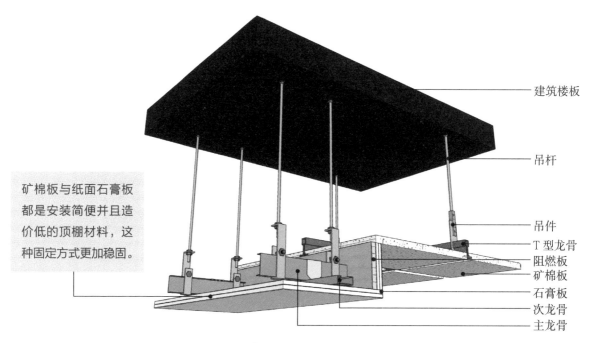

建筑楼板

吊杆

矿棉板与纸面石膏板都是安装简便并且造价低的顶棚材料，这种固定方式更加稳固。

吊件
T 型龙骨
阻燃板
矿棉板
石膏板
次龙骨
主龙骨

纸面石膏板与矿棉板相接三维示意图解析

工艺解析

两种材料组合的顶棚在弹线时要在顶面上弹出主龙骨的位置和嵌入式设备的外形尺寸线，更好地区分两种材料的分界线。

在纸面石膏板的区域安装主龙骨与次龙骨，矿棉板的区域则安装 T 型龙骨。

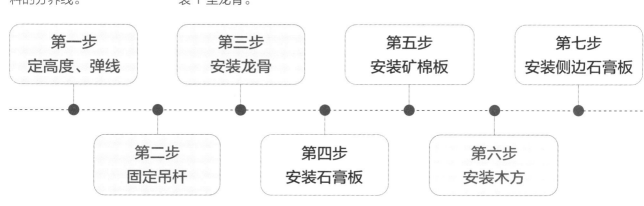

第一步
定高度、弹线

第三步
安装龙骨

第五步
安装矿棉板

第七步
安装侧边石膏板

第二步
固定吊杆

第四步
安装石膏板

第六步
安装木方

若是两种材料的高度不同，其吊杆的长度也应不同，在安装时要注意区分不同吊杆安装的位置，确保不会安错。

根据设计图纸中顶棚的高差来切割木方，并在顶棚侧面位置安装木方。

纸面石膏板和矿
棉板主色都为白
色，但是形式不
同，让两者相接
时，白色顶棚有
了变化，不再是
死板而又单一的
造型。

纸面石膏板与矿棉板相接实景效果图

4.5

纸面石膏板面饰乳胶漆与石材相接

▶▶ 纸面石膏板面饰乳胶漆与石材相接（1）

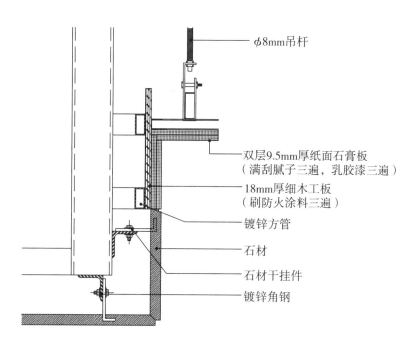

φ8mm吊杆

双层9.5mm厚纸面石膏板
（满刮腻子三遍，乳胶漆三遍）

18mm厚细木工板
（刷防火涂料三遍）

镀锌方管

石材

石材干挂件

镀锌角钢

纸面石膏板面饰乳胶漆与石材相接（1）节点图

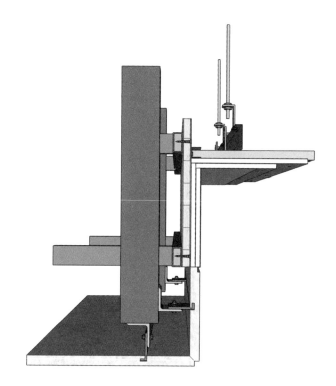

纸面石膏板面饰乳胶漆与石材相接（1）三维示意图

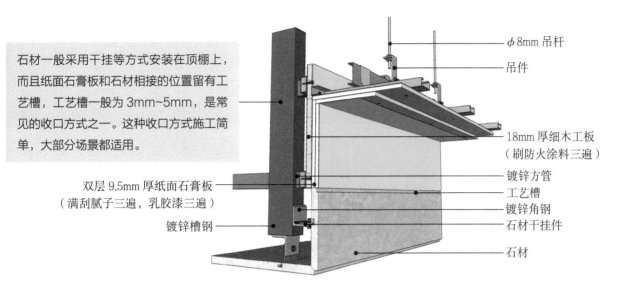

石材一般采用干挂等方式安装在顶棚上，而且纸面石膏板和石材相接的位置留有工艺槽，工艺槽一般为 3mm~5mm，是常见的收口方式之一。这种收口方式施工简单，大部分场景都适用。

φ8mm 吊杆

吊件

18mm 厚细木工板（刷防火涂料三遍）

镀锌方管

工艺槽

镀锌角钢

石材干挂件

石材

双层 9.5mm 厚纸面石膏板（满刮腻子三遍，乳胶漆三遍）

镀锌槽钢

纸面石膏板面饰乳胶漆与石材相接（1）三维示意图解析

工艺解析

根据顶棚设计的高度安装方管与镀锌槽钢，且两者的处理应满足完成面尺寸。

安装主、次龙骨做石膏板的框架，再将边龙骨与细木工板用自攻螺丝进行固定。

在石材与乳胶漆的衔接处留工艺凹槽，石材转角处则建议做海棠角，具体尺寸可根据要求进行确定，石材在安装前要整体进行打磨处理。

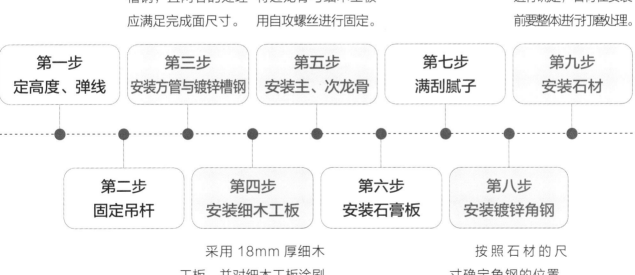

| 第一步 定高度、弹线 | 第三步 安装方管与镀锌槽钢 | 第五步 安装主、次龙骨 | 第七步 满刮腻子 | 第九步 安装石材 |

第二步 固定吊杆

第四步 安装细木工板

第六步 安装石膏板

第八步 安装镀锌角钢

采用 18mm 厚细木工板，并对细木工板涂刷防火涂料三遍，用自攻螺丝将其与方管固定。

按照石材的尺寸确定角钢的位置，并将其余镀锌槽钢相焊接。

▶▶ **纸面石膏板面饰乳胶漆与石材相接（2）**

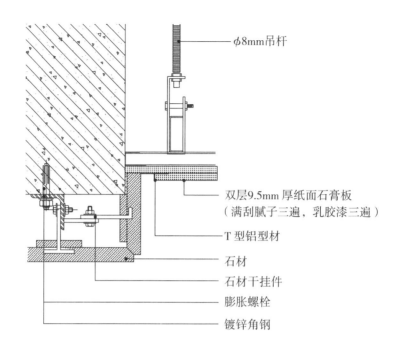

- φ8mm吊杆
- 双层9.5mm 厚纸面石膏板（满刮腻子三遍，乳胶漆三遍）
- T 型铝型材
- 石材
- 石材干挂件
- 膨胀螺栓
- 镀锌角钢

纸面石膏板面饰乳胶漆与石材相接（2）节点图

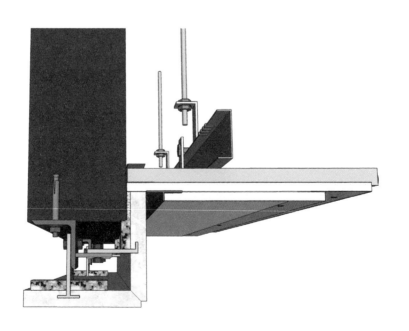

纸面石膏板面饰乳胶漆与石材相接（2）三维示意图

扫 / 码 / 观 / 看 "纸面石膏板面饰乳胶漆与石材相接（2）" 三维节点动图

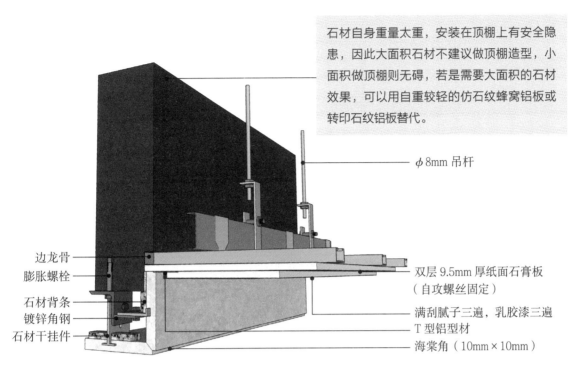

石材自身重量太重，安装在顶棚上有安全隐患，因此大面积石材不建议做顶棚造型，小面积做顶棚则无碍，若是需要大面积的石材效果，可以用自重较轻的仿石纹蜂窝铝板或转印石纹铝板替代。

ϕ 8mm 吊杆

边龙骨
膨胀螺栓

石材背条
镀锌角钢
石材干挂件

双层 9.5mm 厚纸面石膏板（自攻螺丝固定）

满刮腻子三遍，乳胶漆三遍
T 型铝型材
海棠角（10mm×10mm）

纸面石膏板面饰乳胶漆与石材相接（2）三维示意图解析

工艺解析

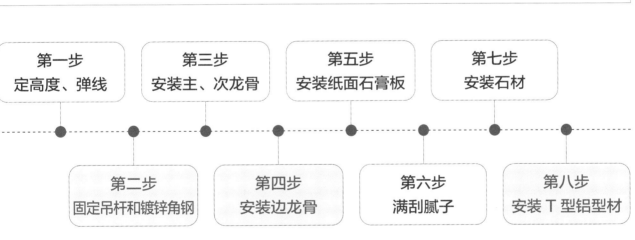

第一步
定高度、弹线

第三步
安装主、次龙骨

第五步
安装纸面石膏板

第七步
安装石材

第二步
固定吊杆和镀锌角钢

第四步
安装边龙骨

第六步
满刮腻子

第八步
安装 T 型铝型材

若是石材的安装高度与原顶的距离较小，可以直接用膨胀螺栓将镀锌角钢与混凝土板固定，不需要镀锌钢槽等来保证石材干挂的稳固性。

边龙骨需用自攻螺丝将其与混凝土墙体相接。

采用 T 型铝型材来做收口，适用于纸面石膏板和石材不在同一方向上的情况，而且石材转角位置可以做 10mm 海棠角。

▶▶ **纸面石膏板面饰乳胶漆与石材相接（3）**

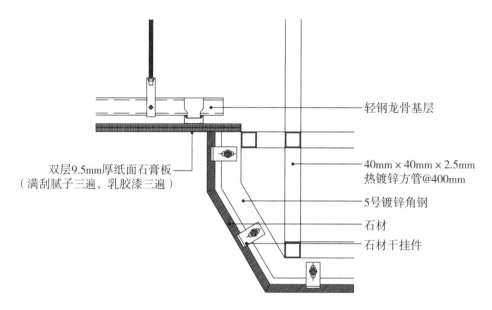

轻钢龙骨基层

双层9.5mm厚纸面石膏板
（满刮腻子三遍，乳胶漆三遍）

40mm×40mm×2.5mm
热镀锌方管@400mm

5号镀锌角钢

石材

石材干挂件

纸面石膏板面饰乳胶漆与石材相接（3）节点图

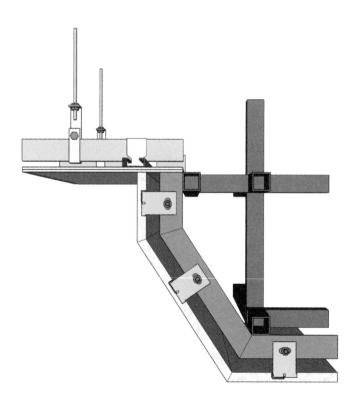

纸面石膏板面饰乳胶漆与石材相接（3）三维示意图

扫 / 码 / 观 / 看
"纸面石膏板面饰乳胶漆
与石材相接（3）"三维
节点动图

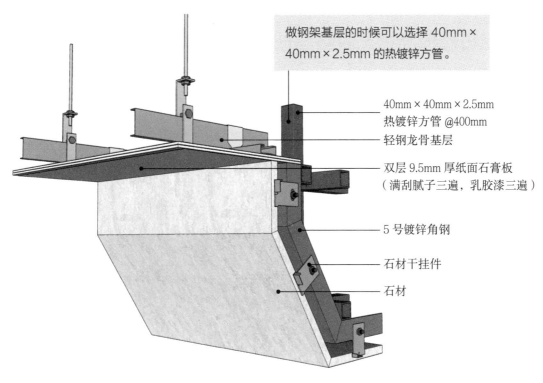

做钢架基层的时候可以选择 40mm × 40mm × 2.5mm 的热镀锌方管。

40mm × 40mm × 2.5mm
热镀锌方管 @400mm

轻钢龙骨基层

双层 9.5mm 厚纸面石膏板
（满刮腻子三遍，乳胶漆三遍）

5 号镀锌角钢

石材干挂件

石材

纸面石膏板面饰乳胶漆与石材相接（3）三维示意图解析

工艺解析

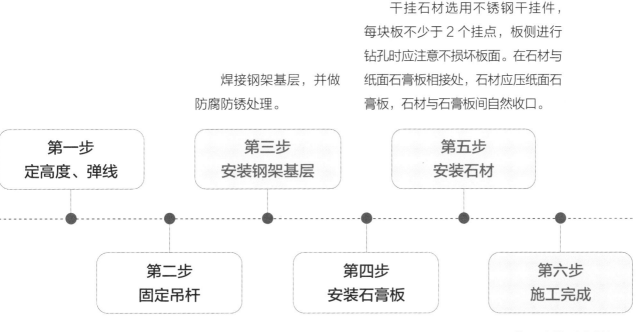

焊接钢架基层，并做防腐防锈处理。

干挂石材选用不锈钢干挂件，每块板不少于 2 个挂点，板侧进行钻孔时应注意不损坏板面。在石材与纸面石膏板相接处，石材应压纸面石膏板，石材与石膏板间自然收口。

| 第一步 定高度、弹线 | 第三步 安装钢架基层 | 第五步 安装石材 |
| 第二步 固定吊杆 | 第四步 安装石膏板 | 第六步 施工完成 |

施工完毕后应做好石材板面的清洁保护措施。

4.6
纸面石膏板面饰乳胶漆与玻璃相接

▶▶ 纸面石膏板面饰乳胶漆与玻璃相接（1）

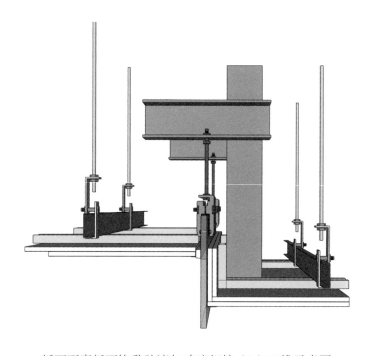

槽钢

玻璃专用吊件

白色硅酮密封胶

槽钢
（与顶面结构固定）

玻璃

轻钢龙骨基层

双层9.5mm厚纸面石膏板
（满刮腻子三遍，乳胶漆三遍）

纸面石膏板面饰乳胶漆与玻璃相接（1）节点图

纸面石膏板面饰乳胶漆与玻璃相接（1）三维示意图

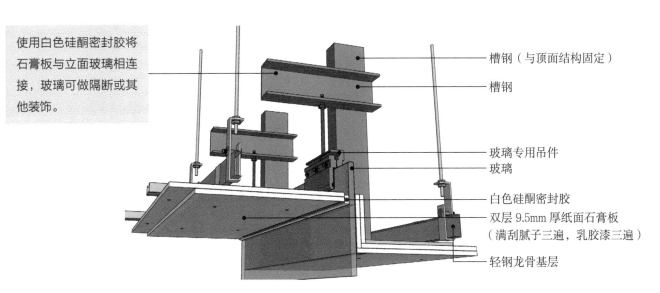

使用白色硅酮密封胶将石膏板与立面玻璃相连接，玻璃可做隔断或其他装饰。

槽钢（与顶面结构固定）

槽钢

玻璃专用吊件

玻璃

白色硅酮密封胶

双层 9.5mm 厚纸面石膏板（满刮腻子三遍，乳胶漆三遍）

轻钢龙骨基层

纸面石膏板面饰乳胶漆与玻璃相接（1）三维示意图解析

工艺解析

弹线时要注意标注玻璃的位置，方便确定玻璃吊件的安装位置。

优先制作 L 面纸面石膏板，并用自攻螺丝将其固定于轻钢龙骨上。

安装玻璃的专用吊件，将其固定于槽钢基层。

安装另一面纸面石膏板，与玻璃交接处用白色硅酮密封胶固定。

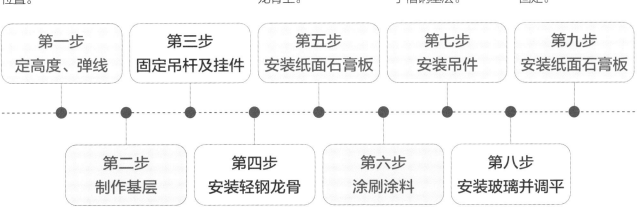

第一步
定高度、弹线

第三步
固定吊杆及挂件

第五步
安装纸面石膏板

第七步
安装吊件

第九步
安装纸面石膏板

第二步
制作基层

第四步
安装轻钢龙骨

第六步
涂刷涂料

第八步
安装玻璃并调平

采用 10 号槽钢焊接，制作基层预留出玻璃吊件的空间。

对 L 面的纸面石膏板满刷氯偏乳液或乳化光油防潮涂料两遍。然后满刮腻子三遍，乳胶漆三遍。

无框的清玻璃让空间更加清透，视觉
上空间更加宽阔。

纸面石膏板面饰乳胶漆与玻璃相接（1）实景效果图

纸面石膏板面饰乳胶漆与玻璃相接（2）

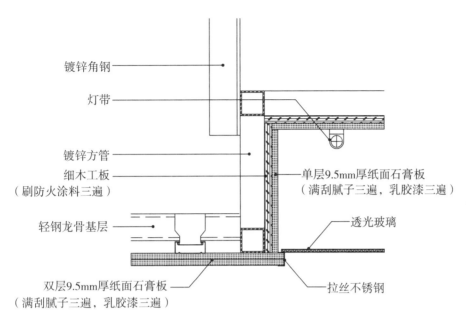

镀锌角钢

灯带

镀锌方管

细木工板
（刷防火涂料三遍）

轻钢龙骨基层

单层9.5mm厚纸面石膏板
（满刮腻子三遍，乳胶漆三遍）

透光玻璃

双层9.5mm厚纸面石膏板
（满刮腻子三遍，乳胶漆三遍）

拉丝不锈钢

纸面石膏板面饰乳胶漆与玻璃相接（2）节点图

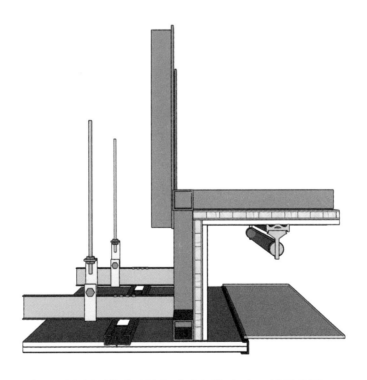

纸面石膏板面饰乳胶漆与玻璃相接（2）三维示意图

扫 / 码 / 观 / 看
"纸面石膏板面饰乳胶漆
与玻璃相接（2）"三维
节点动图

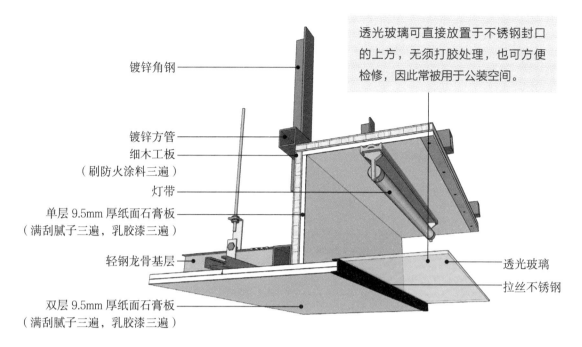

镀锌角钢

镀锌方管
细木工板
（刷防火涂料三遍）
灯带
单层 9.5mm 厚纸面石膏板
（满刮腻子三遍，乳胶漆三遍）
轻钢龙骨基层

双层 9.5mm 厚纸面石膏板
（满刮腻子三遍，乳胶漆三遍）

透光玻璃可直接放置于不锈钢封口的上方，无须打胶处理，也可方便检修，因此常被用于公装空间。

透光玻璃
拉丝不锈钢

纸面石膏板面饰乳胶漆与玻璃相接（2）三维示意图解析

工艺解析

将 9.5mm 厚纸面石膏板用自攻螺丝进行固定，并对细木工板涂刷防火涂料三遍，对纸面石膏板满刷氯偏乳液或乳化光油防潮涂料两遍。

在灯箱处的位置用镀锌方管焊接基层，加以固定。

| 第一步 定高度、弹线 | 第三步 安装轻钢龙骨做基层 | 第五步 焊接镀锌钢管 | 第七步 安装纸面石膏板 | 第九步 放置透光玻璃在不锈钢上方 |

| 第二步 固定吊杆 | 第四步 安装镀锌角钢 | 第六步 安装细木工板 | 第八步 U 型不锈钢收边 |

采用 5 号镀锌角钢，并用膨胀螺栓将其与钢筋混凝土板进行固定。

灰色的透明玻璃既不会在视觉上挤压层高，又可以丰富顶棚造型。

纸面石膏板面饰乳胶漆与玻璃相接（2）实景效果图

4.7
纸面石膏板面饰乳胶漆与镜子相接

▶▶ 纸面石膏板面饰乳胶漆与镜子相接（1）

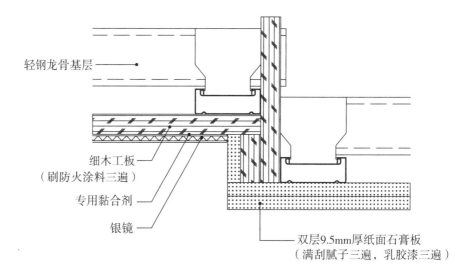

轻钢龙骨基层 ——

细木工板
（刷防火涂料三遍）

专用黏合剂

银镜

双层9.5mm厚纸面石膏板
（满刮腻子三遍，乳胶漆三遍）

纸面石膏板面饰乳胶漆与镜子相接（1）节点图

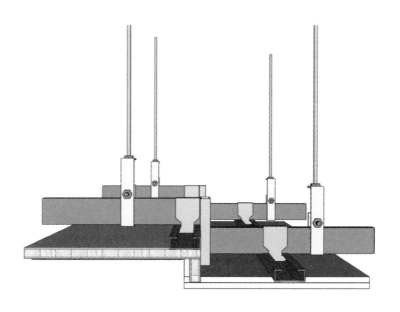

纸面石膏板面饰乳胶漆与镜子相接（1）三维示意图

扫／码／观／看
"纸面石膏板面饰乳胶漆
与镜子相接（1）"三维
节点动图

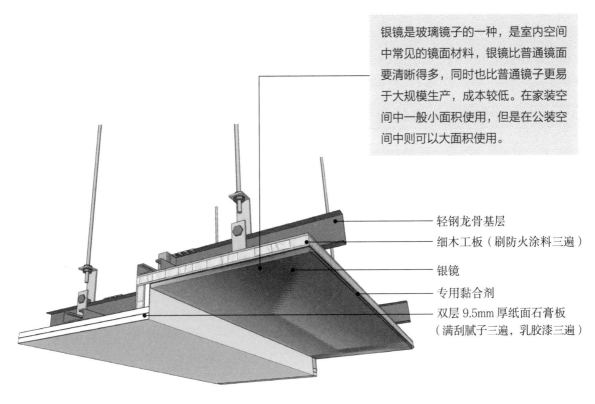

银镜是玻璃镜子的一种，是室内空间中常见的镜面材料，银镜比普通镜面要清晰得多，同时也比普通镜子更易于大规模生产，成本较低。在家装空间中一般小面积使用，但是在公装空间中则可以大面积使用。

轻钢龙骨基层
细木工板（刷防火涂料三遍）
银镜
专用黏合剂
双层 9.5mm 厚纸面石膏板
（满刮腻子三遍，乳胶漆三遍）

纸面石膏板面饰乳胶漆与镜子相接（1）三维示意图解析

工艺解析

使用银镜专用黏合剂将银镜与经过涂刷防火涂料三遍的细木工板相固定，且与纸面石膏板处留 1mm 宽的距离。

| 第一步 定高度、弹线 | 第三步 安装轻钢龙骨做基层 | 第五步 安装石膏板 | 第七步 固定银镜 |

第二步 固定吊杆
第四步 固定细木工板
第六步 满刮腻子(厚2mm)

不规则形状的银镜造型为规则的空间
增添了更多的造型感。

纸面石膏板面饰乳胶漆与镜子相接（1）实景效果图

►► 纸面石膏板面饰乳胶漆与镜子相接（2）

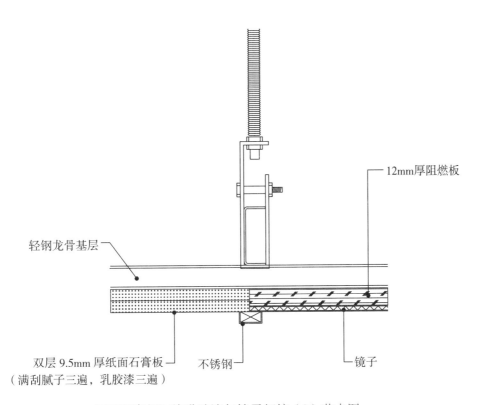

12mm厚阻燃板

轻钢龙骨基层

双层 9.5mm 厚纸面石膏板
（满刮腻子三遍，乳胶漆三遍）

不锈钢

镜子

纸面石膏板面饰乳胶漆与镜子相接（2）节点图

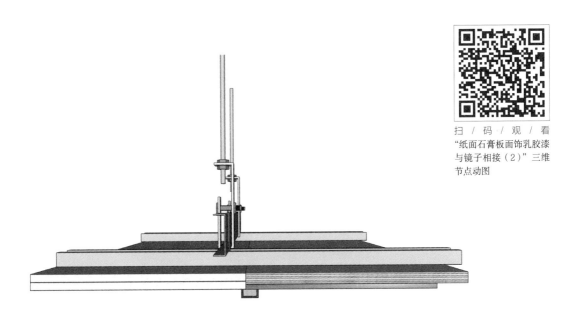

纸面石膏板面饰乳胶漆与镜子相接（2）三维示意图

扫 / 码 / 观 / 看
"纸面石膏板面饰乳胶漆
与镜子相接（2）"三维
节点动图

镜子完成面与纸面石膏板相平，没有高差，用细木工板做木基层来挂镜面。凸起的不锈钢条既可以做装饰，又能起到稳固纸面石膏板和镜子的作用。

※ 该做法与纸面石膏板面饰乳胶漆与镜子相接（1）步骤大致相同，镜子完成面与纸面石膏板相平时，可以通过不锈钢条来进行衔接，详细步骤请见本章4.7第159页纸面石膏板面饰乳胶漆与镜子相接（1）中的工艺解析。

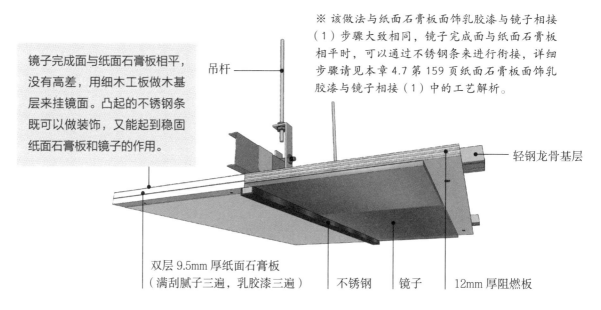

吊杆

轻钢龙骨基层

双层9.5mm厚纸面石膏板（满刮腻子三遍，乳胶漆三遍）　不锈钢　镜子　12mm厚阻燃板

纸面石膏板面饰乳胶漆与镜子相接（2）三维示意图解析

镜子反射地面上的瓷砖，让原本高度较低的餐厅部位在视觉上有了放大的感觉，同时金色不锈钢条破开了整面的镜子，与整体轻奢风格相匹配，同时还能起到加固的作用。

纸面石膏板面饰乳胶漆与镜子相接（2）实景效果图

4.8
纸面石膏板面饰乳胶漆与透光板相接

▶▶ 纸面石膏板面饰乳胶漆与透光板相接（1）

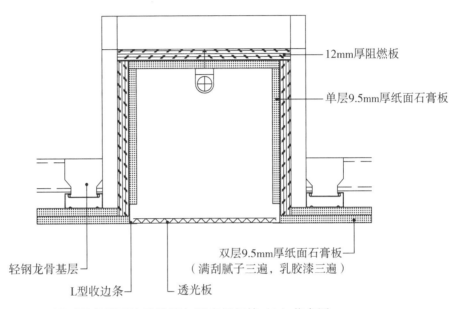

12mm厚阻燃板

单层9.5mm厚纸面石膏板

双层9.5mm厚纸面石膏板
（满刮腻子三遍，乳胶漆三遍）

轻钢龙骨基层

L型收边条

透光板

纸面石膏板面饰乳胶漆与透光板相接（1）节点图

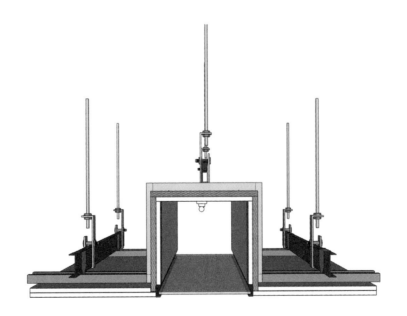

纸面石膏板面饰乳胶漆与透光板相接（1）三维示意图

扫 / 码 / 观 / 看
"纸面石膏板面饰乳胶漆
与透光板相接（1）"三
维节点动图

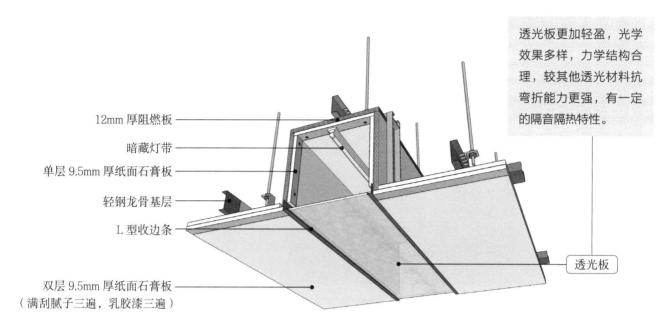

12mm 厚阻燃板

暗藏灯带

单层 9.5mm 厚纸面石膏板

轻钢龙骨基层

L 型收边条

双层 9.5mm 厚纸面石膏板
（满刮腻子三遍，乳胶漆三遍）

透光板更加轻盈，光学效果多样，力学结构合理，较其他透光材料抗弯折能力更强，有一定的隔音隔热特性。

透光板

纸面石膏板面饰乳胶漆与透光板相接（1）三维示意图解析

工艺解析

在透光云石的边缘安装 L 型不锈钢收边条，并用自攻螺丝固定于 12mm 厚阻燃板基层上。

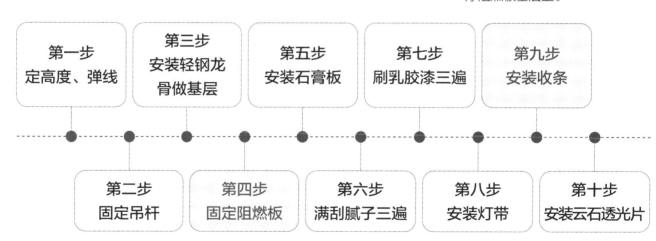

| 第一步 定高度、弹线 | 第三步 安装轻钢龙骨做基层 | 第五步 安装石膏板 | 第七步 刷乳胶漆三遍 | 第九步 安装收条 |

| 第二步 固定吊杆 | 第四步 固定阻燃板 | 第六步 满刮腻子三遍 | 第八步 安装灯带 | 第十步 安装云石透光片 |

采用 12mm 厚阻燃板做基层，并刷防火涂料三遍，使用自攻螺丝固定于龙骨上。

带有大理石纹理的透光板，从顶棚延伸到整个墙面，在视觉上起到放大的效果，同时用收边条给透光片做造型，使扁平的平面产生了立体感。

纸面石膏板面饰乳胶漆与透光板相接（1）实景效果图

▶▶ **纸面石膏板面饰乳胶漆与透光板相接（2）**

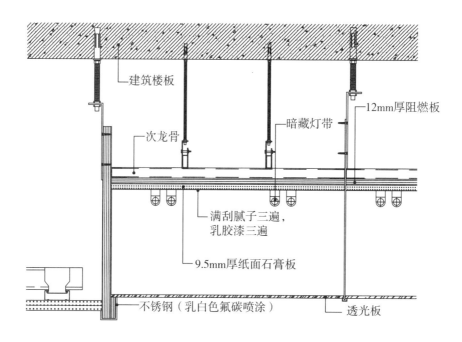

纸面石膏板面饰乳胶漆与透光板相接（2）节点图

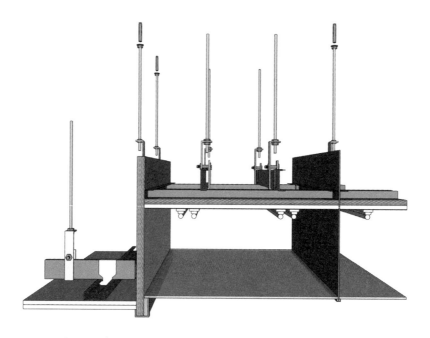

纸面石膏板面饰乳胶漆与透光板相接（2）三维示意图

扫 / 码 / 观 / 看
"纸面石膏板面饰乳胶漆与透光板相接（2）"三维节点动图

※ 该做法与透光板的安装步骤大致相同，在与纸面石膏板接缝处的收边采用了不锈钢的收口，详细步骤请见第 3 章 3.9 第 127 页透光板顶棚中的工艺解析。

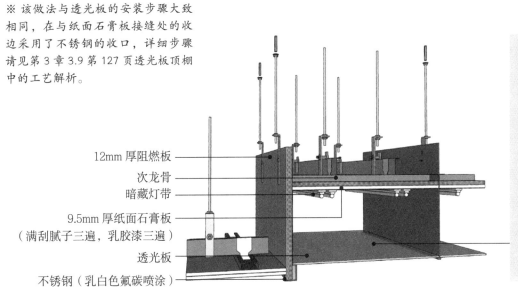

12mm 厚阻燃板
次龙骨
暗藏灯带
9.5mm 厚纸面石膏板
（满刮腻子三遍，乳胶漆三遍）
透光板
不锈钢（乳白色氟碳喷涂）

透光板隔音隔热性能好，易于清洁，还具有一定的抗污、抗腐蚀性，使用不同植物的姿态及无序的纹理，同时抗弯折能力也较强，可以做出任意形状，具有很强的可塑性。通常和纸面石膏板相接使用，不宜做整面的透光板顶棚。

纸面石膏板面饰乳胶漆与透光板相接（2）三维示意图解析

透光板用不锈钢收边后，又用 PVC 做了黑色的边框，突出了透光板的位置和形状。

纸面石膏板面饰乳胶漆与透光板相接（2）实景效果图

4.9
纸面石膏板面饰乳胶漆与透光软膜相接

▶▶ 纸面石膏板面饰乳胶漆与透光软膜相接（1）

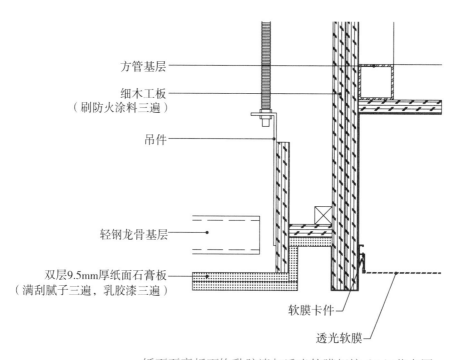

方管基层

细木工板
（刷防火涂料三遍）

吊件

轻钢龙骨基层

双层9.5mm厚纸面石膏板
（满刮腻子三遍，乳胶漆三遍）

软膜卡件

透光软膜

纸面石膏板面饰乳胶漆与透光软膜相接（1）节点图

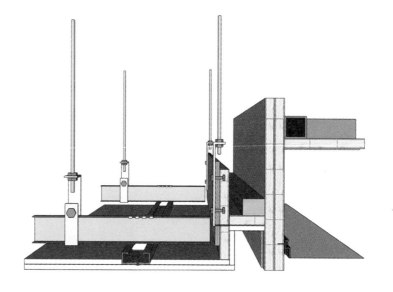

纸面石膏板面饰乳胶漆与透光软膜相接（1）三维示意图

扫 / 码 / 观 / 看
"纸面石膏板面饰乳
胶漆与透光软膜相接（1）"
三维节点动图

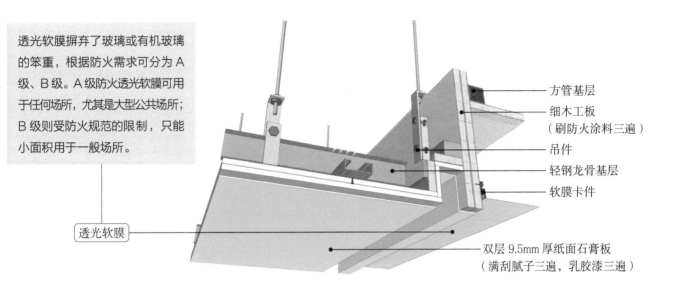

透光软膜摒弃了玻璃或有机玻璃的笨重，根据防火需求可分为 A 级、B 级。A 级防火透光软膜可用于任何场所，尤其是大型公共场所；B 级则受防火规范的限制，只能小面积用于一般场所。

透光软膜

方管基层
细木工板
（刷防火涂料三遍）
吊件
轻钢龙骨基层
软膜卡件

双层 9.5mm 厚纸面石膏板
（满刮腻子三遍，乳胶漆三遍）

纸面石膏板面饰乳胶漆与透光软膜相接（1）三维示意图解析

工艺解析

在灯箱处用细木工板做基层箱体，细木工板要经过刷防火涂料三遍后再安装至顶棚，箱体内部做刷白处理，并用自攻螺丝将细木工板与方管进行固定。

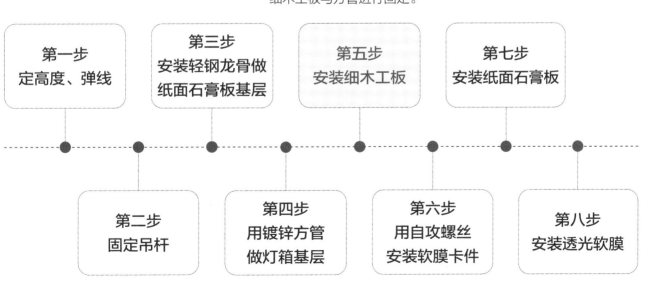

第一步
定高度、弹线

第二步
固定吊杆

第三步
安装轻钢龙骨做纸面石膏板基层

第四步
用镀锌方管做灯箱基层

第五步
安装细木工板

第六步
用自攻螺丝安装软膜卡件

第七步
安装纸面石膏板

第八步
安装透光软膜

▶▶ **纸面石膏板面饰乳胶漆与透光软膜相接（2）**

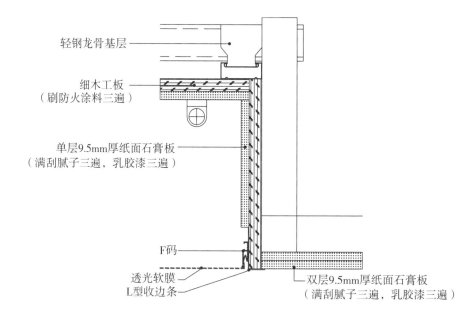

轻钢龙骨基层

细木工板
（刷防火涂料三遍）

单层9.5mm厚纸面石膏板
（满刮腻子三遍，乳胶漆三遍）

F码

透光软膜
L型收边条

双层9.5mm厚纸面石膏板
（满刮腻子三遍，乳胶漆三遍）

纸面石膏板面饰乳胶漆与透光软膜相接（2）节点图

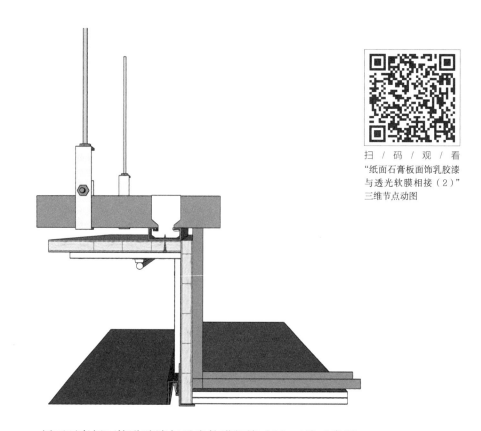

扫 / 码 / 观 / 看
"纸面石膏板面饰乳胶漆
与透光软膜相接（2）"
三维节点动图

纸面石膏板面饰乳胶漆与透光软膜相接（2）三维示意图

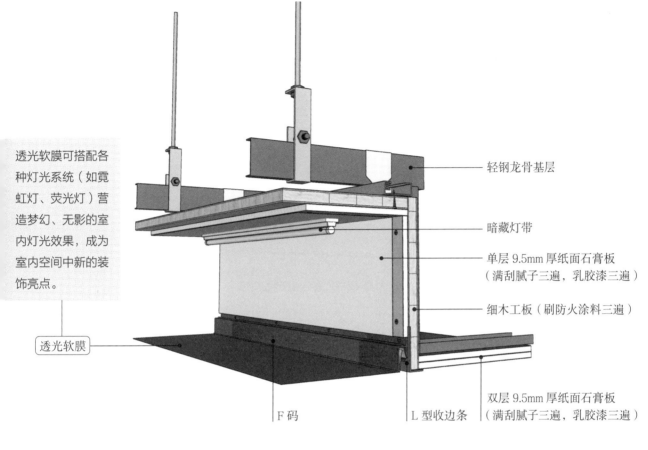

透光软膜可搭配各种灯光系统（如霓虹灯、荧光灯）营造梦幻、无影的室内灯光效果，成为室内空间中新的装饰亮点。

透光软膜

轻钢龙骨基层

暗藏灯带

单层 9.5mm 厚纸面石膏板
（满刮腻子三遍，乳胶漆三遍）

细木工板（刷防火涂料三遍）

F 码

L 型收边条

双层 9.5mm 厚纸面石膏板
（满刮腻子三遍，乳胶漆三遍）

纸面石膏板面饰乳胶漆与透光软膜相接（2）三维示意图解析

工艺解析

第一步
定高度、弹线

第二步
固定吊杆

第三步
安装轻钢龙骨做
纸面石膏板基层

第四步
用细木工板
做灯箱基层

第五步
用自攻螺丝安装
L 型收边条

第六步
安装纸面石膏板

第七步
满刮腻子三遍，
乳胶漆三遍

第八步
安装透光软膜

4.10
GRG 石膏板与乳胶漆相接

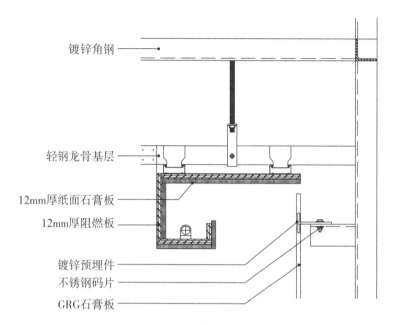

镀锌角钢

轻钢龙骨基层

12mm厚纸面石膏板

12mm厚阻燃板

镀锌预埋件

不锈钢码片

GRG石膏板

GRG 石膏板与乳胶漆相接节点图

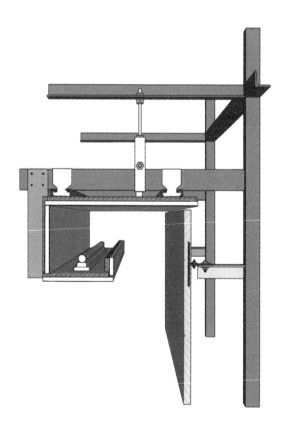

扫 / 码 / 观 / 看
"GRG 石膏板与乳胶漆相
接"三维节点动图

GRG 石膏板与乳胶漆相接三维示意图

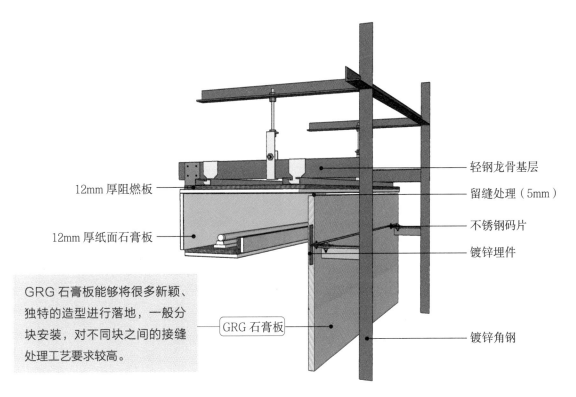

12mm 厚阻燃板

12mm 厚纸面石膏板

轻钢龙骨基层

留缝处理（5mm）

不锈钢码片

镀锌埋件

GRG 石膏板

镀锌角钢

GRG 石膏板能够将很多新颖、独特的造型进行落地，一般分块安装，对不同块之间的接缝处理工艺要求较高。

GRG 石膏板与乳胶漆相接三维示意图解析

工艺解析

将 GRG 石膏板用不锈钢挂件固定在镀锌角钢上，且 GRG 石膏板与纸面石膏板应留有 5mm 宽的间隙。

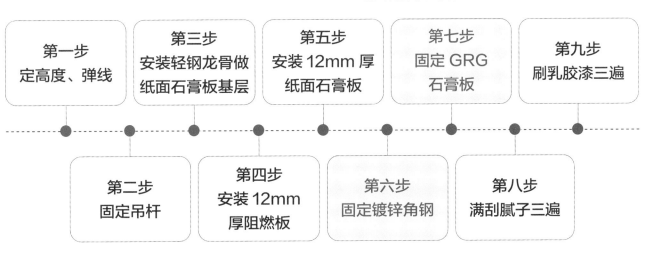

第一步
定高度、弹线

第三步
安装轻钢龙骨做纸面石膏板基层

第五步
安装 12mm 厚纸面石膏板

第七步
固定 GRG 石膏板

第九步
刷乳胶漆三遍

第二步
固定吊杆

第四步
安装 12mm 厚阻燃板

第六步
固定镀锌角钢

第八步
满刮腻子三遍

使用 M10 膨胀螺栓将 4 号镀锌角钢与顶面进行固定。角钢之间的焊接处理应满足完成面的尺寸要求。

GRG 石膏板做成玫瑰花的形状，层层叠叠，使
人的视觉中心不由聚焦到圆柱及吧台的周围。

GRG 石膏板与乳胶漆相接实景效果图

5

顶棚金属与其他材料
相接处节点

　　金属顶棚的防火等级为 A 级，而且金属材料易加工，好成型，耐火极限高，形式多样，颜色丰富，可塑造出千变万化的造型，因此越来越多的金属材料被使用在顶棚上。

　　金属材料独具特色，具有一定的反射，但是能和其搭配使用的材料一般都是比较常见的白色系材料，比如纸面石膏板、乳胶漆、矿棉板、透光板以及透光软膜等，白色系材料能够衬托金属，同时也不会过于抢眼。

5.1
金属板与乳胶漆相接

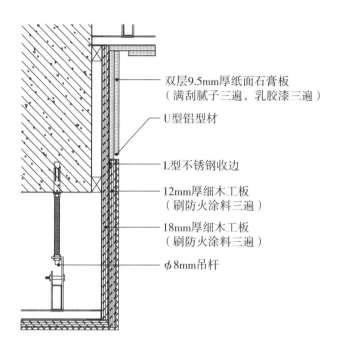

双层9.5mm厚纸面石膏板
（满刮腻子三遍，乳胶漆三遍）

U型铝型材

L型不锈钢收边

12mm厚细木工板
（刷防火涂料三遍）

18mm厚细木工板
（刷防火涂料三遍）

φ8mm吊杆

金属板与乳胶漆相接节点图

扫 / 码 / 观 / 看
"金属板与乳胶漆相接"
三维节点动图

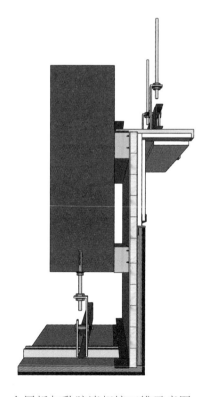

金属板与乳胶漆相接三维示意图

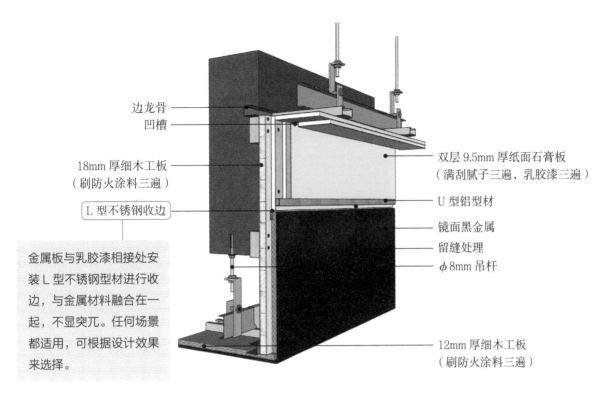

边龙骨
凹槽
18mm 厚细木工板
（刷防火涂料三遍）

L 型不锈钢收边

金属板与乳胶漆相接处安装 L 型不锈钢型材进行收边，与金属材料融合在一起，不显突兀。任何场景都适用，可根据设计效果来选择。

双层 9.5mm 厚纸面石膏板
（满刮腻子三遍，乳胶漆三遍）

U 型铝型材
镜面黑金属
留缝处理
ϕ 8mm 吊杆

12mm 厚细木工板
（刷防火涂料三遍）

金属板与乳胶漆相接三维示意图解析

工艺解析

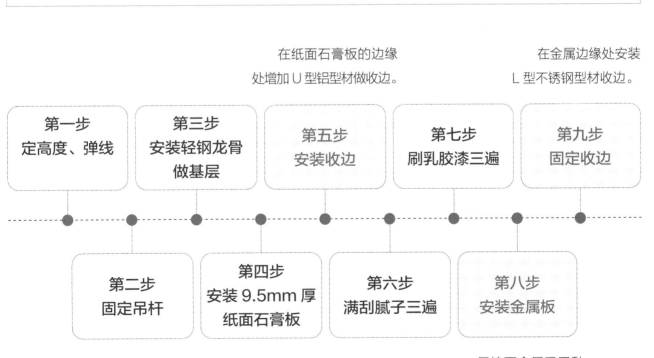

在纸面石膏板的边缘处增加 U 型铝型材做收边。

在金属边缘处安装 L 型不锈钢型材收边。

第一步
定高度、弹线

第三步
安装轻钢龙骨做基层

第五步
安装收边

第七步
刷乳胶漆三遍

第九步
固定收边

第二步
固定吊杆

第四步
安装 9.5mm 厚纸面石膏板

第六步
满刮腻子三遍

第八步
安装金属板

黑镜面金属采用黏结剂将其与基层板固定。

不同形状的金属板分块拼接在一起，
与纸面石膏板产生了一定的高差，使
顶棚有了波浪的形态。

金属板与乳胶漆相接实景效果图

5.2
金属板与风口相接

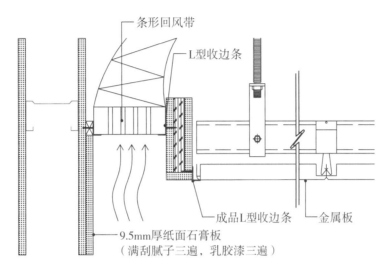

条形回风带

L型收边条

成品L型收边条

金属板

9.5mm厚纸面石膏板
（满刮腻子三遍，乳胶漆三遍）

金属板与风口相接节点图

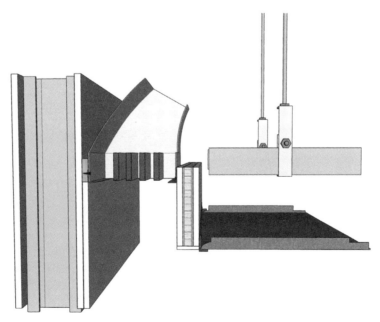

金属板与风口相接三维示意图

扫 / 码 / 观 / 看
"金属板与风口相接"三
维节点动图

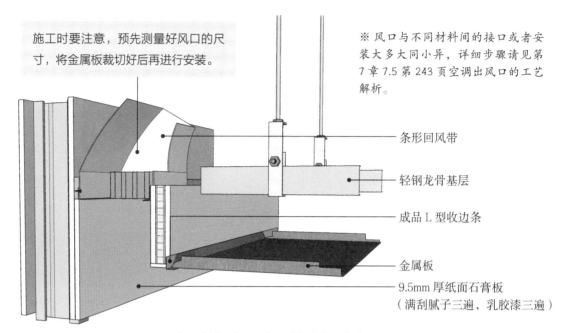

施工时要注意，预先测量好风口的尺寸，将金属板裁切好后再进行安装。

※ 风口与不同材料间的接口或者安装大多大同小异，详细步骤请见第7章7.5第243页空调出风口的工艺解析。

条形回风带

轻钢龙骨基层

成品L型收边条

金属板

9.5mm 厚纸面石膏板
（满刮腻子三遍，乳胶漆三遍）

金属板与风口相接三维示意图解析

根据反射系数、颜色等需求来选择金属板，黄铜色低反射的金属板使空间物体在顶棚上有模糊的映射，从视觉上增加顶棚高度的同时也保护了隐私。

金属板与风口相接实景效果图

5.3
铝板与玻璃隔断相接

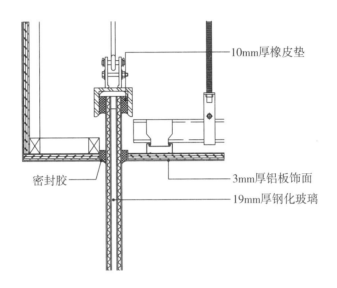

10mm厚橡皮垫

密封胶

3mm厚铝板饰面

19mm厚钢化玻璃

铝板与玻璃隔断相接节点图

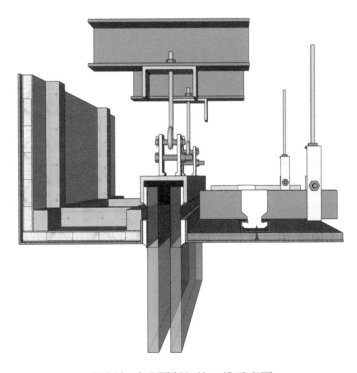

铝板与玻璃隔断相接三维示意图

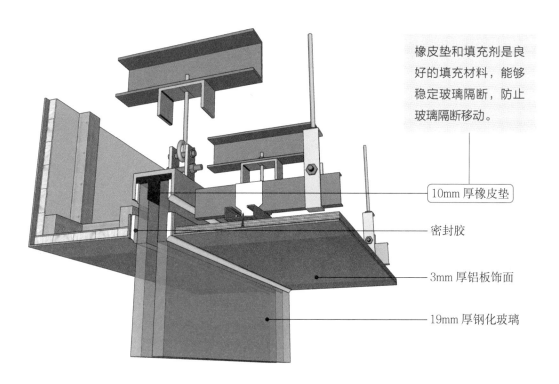

橡皮垫和填充剂是良好的填充材料，能够稳定玻璃隔断，防止玻璃隔断移动。

10mm 厚橡皮垫

密封胶

3mm 厚铝板饰面

19mm 厚钢化玻璃

铝板与玻璃隔断相接三维示意图解析

工艺解析

在顶棚和地面都要弹出玻璃隔断的位置，方便安装。

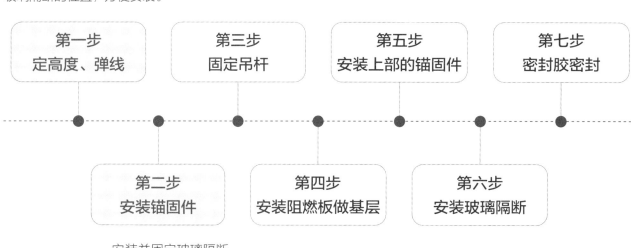

| 第一步
定高度、弹线 | 第三步
固定吊杆 | 第五步
安装上部的锚固件 | 第七步
密封胶密封 |

| 第二步
安装锚固件 | 第四步
安装阻燃板做基层 | 第六步
安装玻璃隔断 |

安装并固定玻璃隔断在地面上的锚固件。

5.4
铝板与乳胶漆相接

▶▶ 铝板与乳胶漆相接（1）

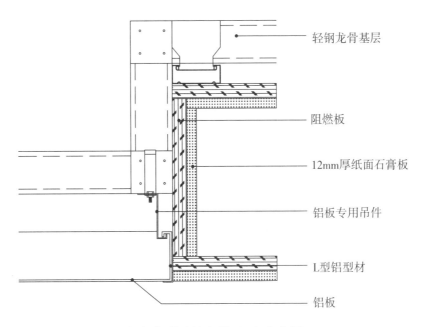

轻钢龙骨基层

阻燃板

12mm厚纸面石膏板

铝板专用吊件

L型铝型材

铝板

铝板与乳胶漆相接（1）节点图

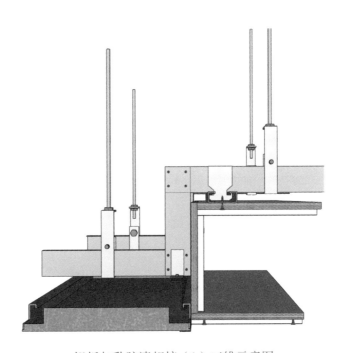

铝板与乳胶漆相接（1）三维示意图

扫 / 码 / 观 / 看
"铝 板 与 乳 胶 漆 相 接
（1）"三维节点动图

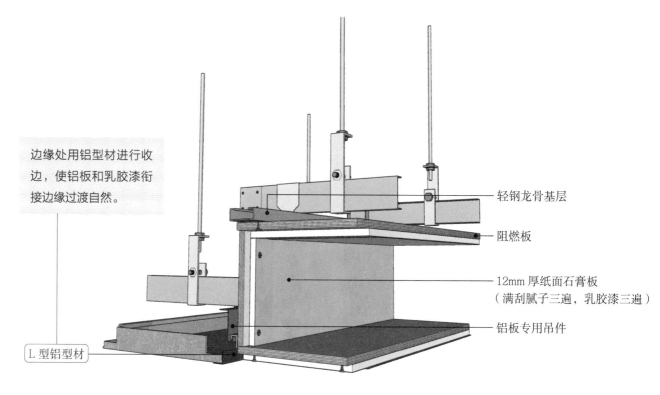

边缘处用铝型材进行收边，使铝板和乳胶漆衔接边缘过渡自然。

轻钢龙骨基层

阻燃板

12mm 厚纸面石膏板
（满刮腻子三遍，乳胶漆三遍）

铝板专用吊件

L 型铝型材

铝板与乳胶漆相接（1）三维示意图解析

工艺解析

根据不同的铝板选择配套的专用吊件和龙骨进行安装。

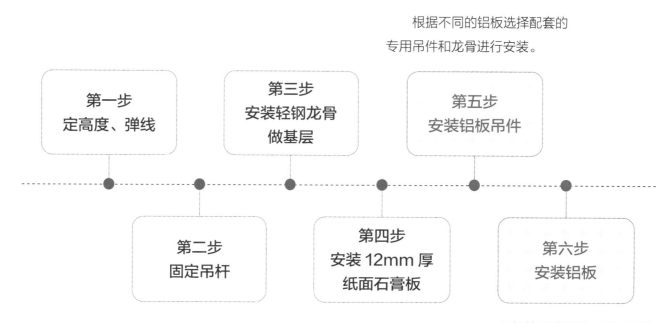

第一步
定高度、弹线

第三步
安装轻钢龙骨
做基层

第五步
安装铝板吊件

第二步
固定吊杆

第四步
安装 12mm 厚
纸面石膏板

第六步
安装铝板

用螺栓固定铝板，铝板的边缘处用 L 型铝型材做收边。

用铝型材将铝板周边围起来，同时两侧采用白色乳胶漆做边缘处的收边，若是其他异形空间，纸面石膏板更方便裁切并贴合空间形态。铝板采用穿孔的形式，光线从小孔中隐隐透出，保证空间整体明亮的同时也柔和了光线。

铝板与乳胶漆相接（1）实景效果图

▶▶ **铝板与乳胶漆相接（2）**

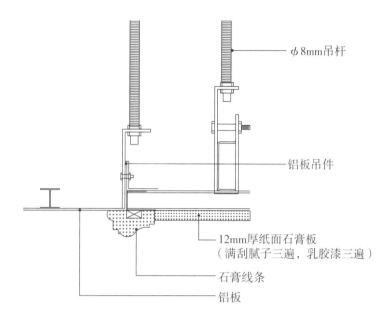

φ8mm吊杆

铝板吊件

12mm厚纸面石膏板
（满刮腻子三遍，乳胶漆三遍）

石膏线条

铝板

铝板与乳胶漆相接（2）节点图

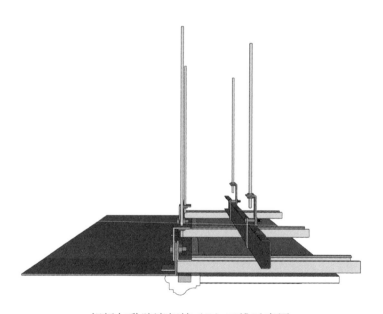

铝板与乳胶漆相接（2）三维示意图

扫 / 码 / 观 / 看
"铝板与乳胶漆相接（2）"
三维节点动图

铝板与乳胶漆相接处用石膏线条来封闭缝隙，使中间衔接部位更加稳固的同时，还有一定的装饰作用。这种装饰线条大部分会使用在家装或者餐厅等公装空间中。

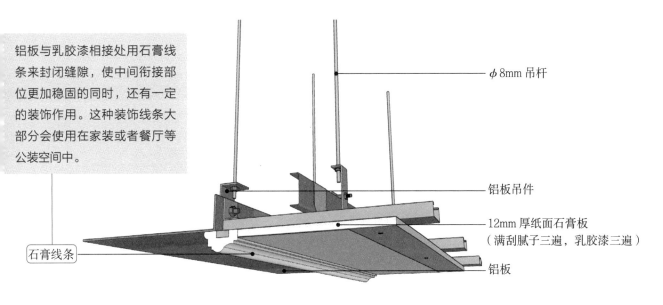

φ8mm 吊杆

铝板吊件

12mm 厚纸面石膏板
（满刮腻子三遍，乳胶漆三遍）

铝板

石膏线条

铝板与乳胶漆相接（2）三维示意图解析

工艺解析

通过木方和石膏线来封闭缝隙。

第一步
定高度、弹线

第三步
安装轻钢龙骨
做基层

第五步
安装铝板
专用吊件

第七步
安装石膏线

第二步
固定吊杆

第四步
安装 12mm 厚
纸面石膏板

第六步
安装铝板

校正主、次龙骨的位置及
水平度，依次安装铝板。

▶▶ **铝板与乳胶漆相接（3）**

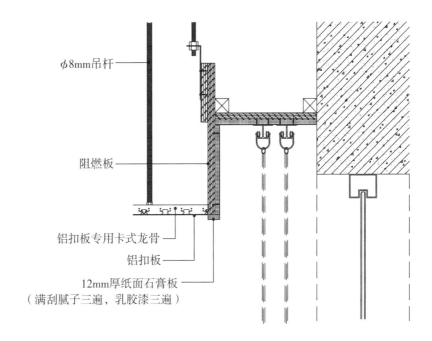

ϕ8mm吊杆

阻燃板

铝扣板专用卡式龙骨
铝扣板
12mm厚纸面石膏板
（满刮腻子三遍，乳胶漆三遍）

铝板与乳胶漆相接（3）节点图

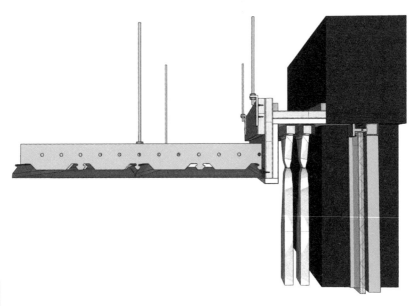

铝板与乳胶漆相接（3）三维示意图

扫 / 码 / 观 / 看
"铝板与乳胶漆相接（3）"
三维节点动图

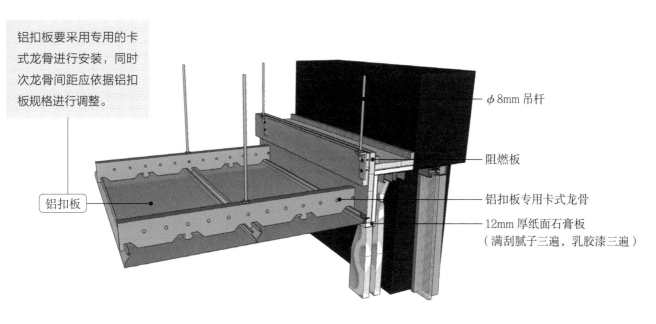

铝扣板要采用专用的卡式龙骨进行安装，同时次龙骨间距应依据铝扣板规格进行调整。

铝扣板

φ8mm 吊杆

阻燃板

铝扣板专用卡式龙骨

12mm 厚纸面石膏板
（满刮腻子三遍，乳胶漆三遍）

铝板与乳胶漆相接（3）三维示意图解析

工艺解析

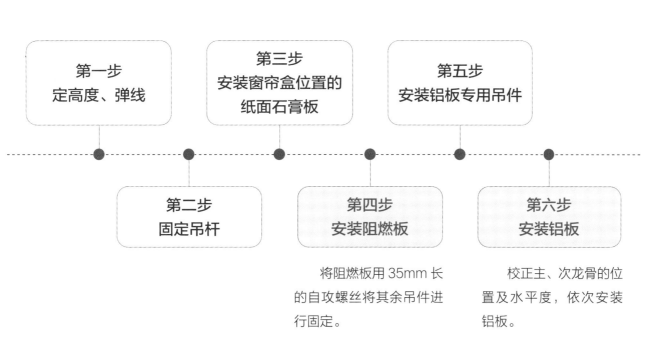

第一步
定高度、弹线

第三步
安装窗帘盒位置的
纸面石膏板

第五步
安装铝板专用吊件

第二步
固定吊杆

第四步
安装阻燃板

第六步
安装铝板

将阻燃板用 35mm 长的自攻螺丝将其余吊件进行固定。

校正主、次龙骨的位置及水平度，依次安装铝板。

189

5.5
铝板与透光板相接

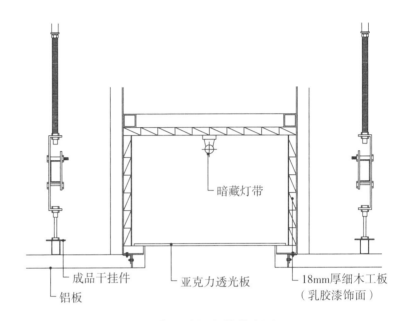

暗藏灯带

成品干挂件
铝板
亚克力透光板
18mm厚细木工板
（乳胶漆饰面）

铝板与透光板相接节点图

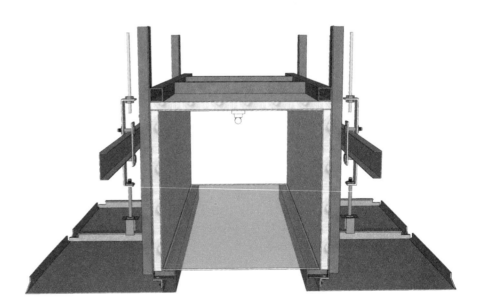

铝板与透光板相接三维示意图

扫 / 码 / 观 / 看
"铝板与透光板相接"三
维节点动图

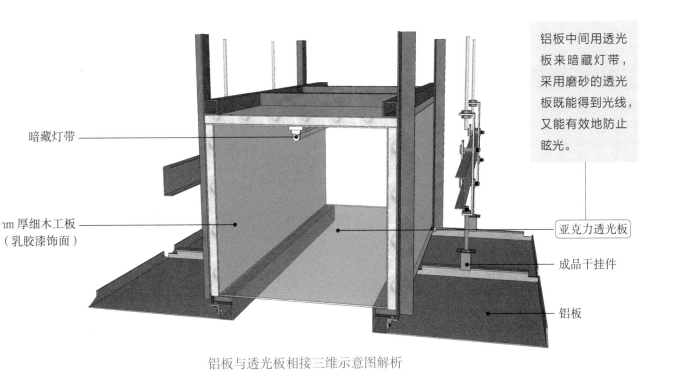

暗藏灯带

m 厚细木工板
（乳胶漆饰面）

铝板中间用透光
板来暗藏灯带，
采用磨砂的透光
板既能得到光线，
又能有效地防止
眩光。

亚克力透光板

成品干挂件

铝板

铝板与透光板相接三维示意图解析

工艺解析

用透光板压住铝板这
边做收口。

第一步	第三步	第五步	第七步
定高度、弹线	安装阻燃板	安装铝板	安装亚克力透光板

第二步	第四步	第六步
固定镀锌角钢做框架	安装铝板挂件	安装 LED 灯带

根据铝板的尺寸和规格选
择挂件，通过 U 型螺栓将挂
件与龙骨相固定。

5.6
不锈钢与乳胶漆相接

▶▶ **不锈钢与乳胶漆相接（1）**

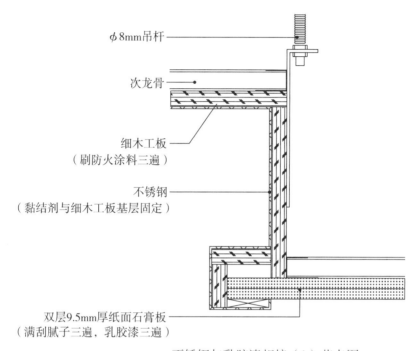

ϕ8mm吊杆

次龙骨

细木工板
（刷防火涂料三遍）

不锈钢
（黏结剂与细木工板基层固定）

双层9.5mm厚纸面石膏板
（满刮腻子三遍，乳胶漆三遍）

不锈钢与乳胶漆相接（1）节点图

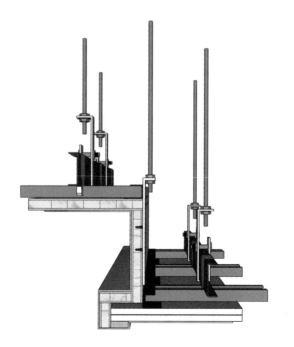

不锈钢与乳胶漆相接（1）三维示意图

扫／码／观／看
"不锈钢与乳胶漆相接
（1）"三维节点动图

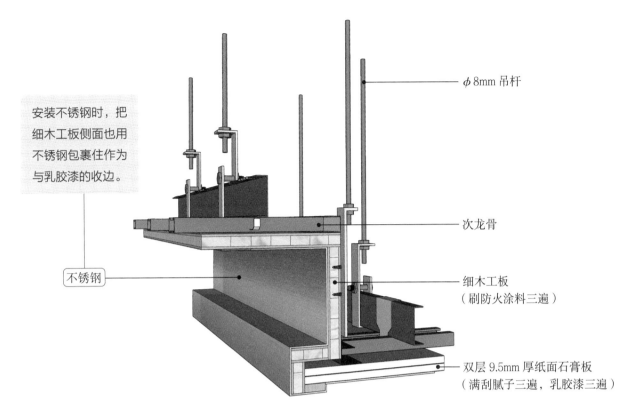

安装不锈钢时，把细木工板侧面也用不锈钢包裹住作为与乳胶漆的收边。

ф8mm 吊杆

次龙骨

不锈钢

细木工板
（刷防火涂料三遍）

双层 9.5mm 厚纸面石膏板
（满刮腻子三遍，乳胶漆三遍）

不锈钢与乳胶漆相接（1）三维示意图解析

工艺解析

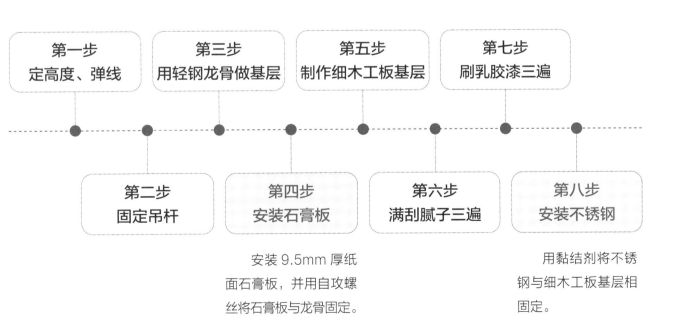

第一步
定高度、弹线

第三步
用轻钢龙骨做基层

第五步
制作细木工板基层

第七步
刷乳胶漆三遍

第二步
固定吊杆

第四步
安装石膏板

第六步
满刮腻子三遍

第八步
安装不锈钢

安装 9.5mm 厚纸面石膏板，并用自攻螺丝将石膏板与龙骨固定。

用黏结剂将不锈钢与细木工板基层相固定。

▶▶ **不锈钢与乳胶漆相接（2）**

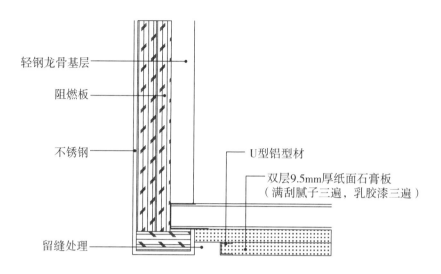

轻钢龙骨基层

阻燃板

不锈钢

U型铝型材

双层9.5mm厚纸面石膏板
（满刮腻子三遍，乳胶漆三遍）

留缝处理

不锈钢与乳胶漆相接（2）节点图

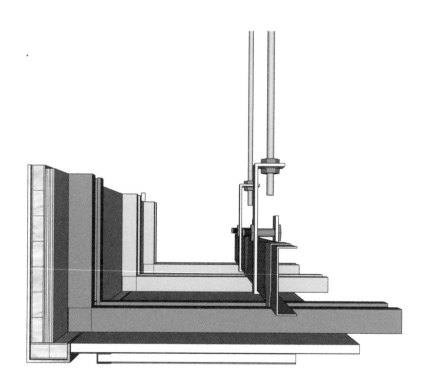

不锈钢与乳胶漆相接（2）三维示意图

扫／码／观／看
"不锈钢与乳胶漆相接
（2）"三维节点动图

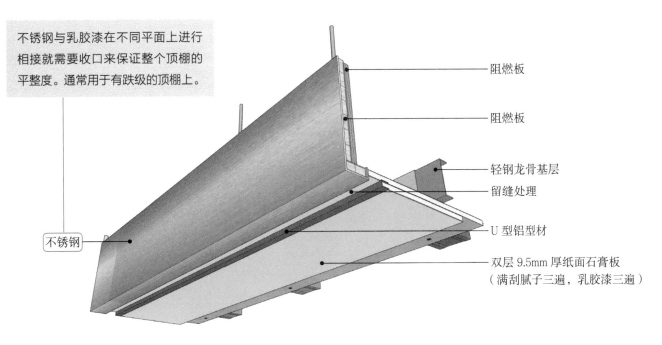

不锈钢与乳胶漆在不同平面上进行相接就需要收口来保证整个顶棚的平整度。通常用于有跌级的顶棚上。

不锈钢

阻燃板

阻燃板

轻钢龙骨基层

留缝处理

U 型铝型材

双层 9.5mm 厚纸面石膏板
（满刮腻子三遍，乳胶漆三遍）

不锈钢与乳胶漆相接（2）三维示意图解析

工艺解析

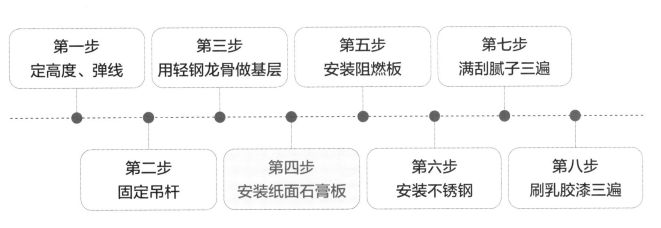

第一步
定高度、弹线

第三步
用轻钢龙骨做基层

第五步
安装阻燃板

第七步
满刮腻子三遍

第二步
固定吊杆

第四步
安装纸面石膏板

第六步
安装不锈钢

第八步
刷乳胶漆三遍

纸面石膏板边与不锈钢基层留 20mm 宽
间隙（可调整间隙），纸面石膏板边缘处用 U
型铝型材收边护角，能够更好地做直线条，
既保护了边角，又保证了美观的效果。

水波纹不锈钢反射地面的物体并不是十分清
晰，更像是水面的映射，这就使顶棚上的画
面带有纹理感。

不锈钢与乳胶漆相接（2）实景效果图

5.7
铝扣板与纸面石膏板相接

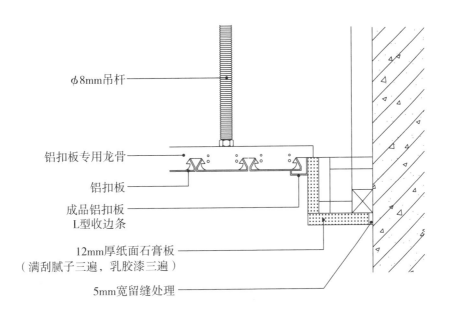

ϕ8mm吊杆

铝扣板专用龙骨

铝扣板

成品铝扣板
L型收边条

12mm厚纸面石膏板
（满刮腻子三遍，乳胶漆三遍）

5mm宽留缝处理

铝扣板与纸面石膏板相接节点图

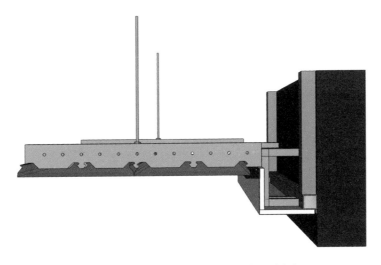

铝扣板与纸面石膏板相接三维示意图

扫 / 码 / 观 / 看
"铝扣板与纸面石膏板相
接"三维节点动图

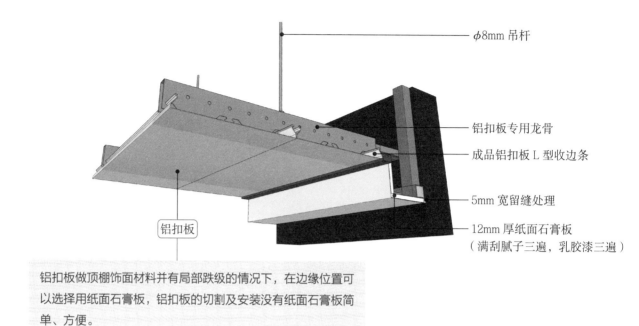

———— φ8mm 吊杆

———— 铝扣板专用龙骨

———— 成品铝扣板 L 型收边条

———— 5mm 宽留缝处理

———— 12mm 厚纸面石膏板
（满刮腻子三遍，乳胶漆三遍）

铝扣板

铝扣板做顶棚饰面材料并有局部跌级的情况下，在边缘位置可以选择用纸面石膏板，铝扣板的切割及安装没有纸面石膏板简单、方便。

铝扣板与纸面石膏板相接三维示意图解析

工艺解析

根据设计图纸，确定顶棚的高度，并在墙的四周弹线，将龙骨分档线也在顶棚上弹出，确定吊杆以及龙骨的位置。

纸面石膏板与墙面预留 5mm 宽缝处理。

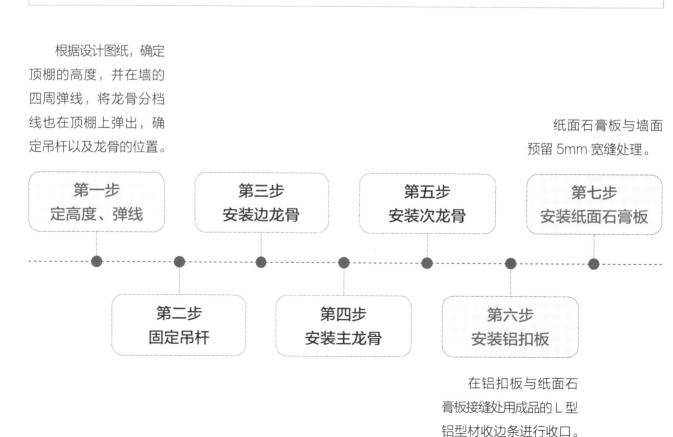

| 第一步 定高度、弹线 | 第三步 安装边龙骨 | 第五步 安装次龙骨 | 第七步 安装纸面石膏板 |
| 第二步 固定吊杆 | 第四步 安装主龙骨 | 第六步 安装铝扣板 | |

在铝扣板与纸面石膏板接缝处用成品的 L 型铝型材收边条进行收口。

5.8
铝扣板与透光软膜相接

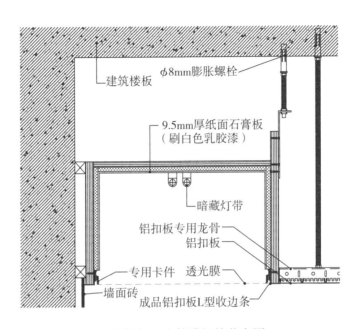

建筑楼板

φ8mm膨胀螺栓

9.5mm厚纸面石膏板
（刷白色乳胶漆）

暗藏灯带

铝扣板专用龙骨
铝扣板

专用卡件　透光膜

墙面砖　成品铝扣板L型收边条

铝扣板与透光软膜相接节点图

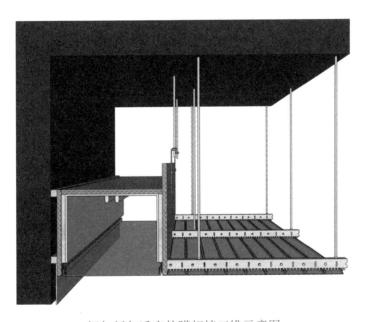

铝扣板与透光软膜相接三维示意图

扫 / 码 / 观 / 看
"铝扣板与透光软膜相接"
三维节点动图

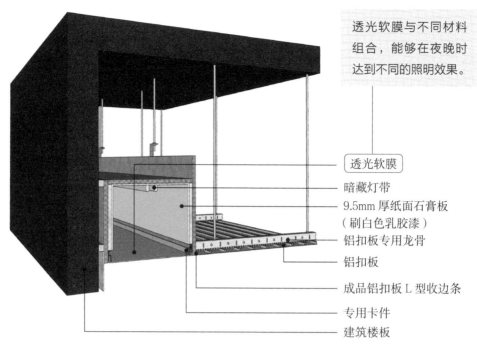

透光软膜与不同材料组合，能够在夜晚时达到不同的照明效果。

透光软膜
暗藏灯带
9.5mm 厚纸面石膏板（刷白色乳胶漆）
铝扣板专用龙骨
铝扣板
成品铝扣板 L 型收边条
专用卡件
建筑楼板

铝扣板与透光软膜相接三维示意图解析

工艺解析

在铝扣板与透光软膜接缝处用成品的 L 型铝型材收边条进行收口。

按照图纸要求安装透光软膜，安装要平整、颜色一致，软膜要拉紧，规格超过 1m 应采用热吹风将软膜吹软，之后再拉紧，能够保证软膜整体平整一致。

第一步
定高度、弹线

第三步
安装边龙骨

第五步
安装次龙骨

第七步
安装铝扣板

第九步
安装透光软膜

第二步
固定吊杆

第四步
安装主龙骨

第六步
阻燃板和木方做基层

第八步
安装 9.5mm 厚纸面石膏板

5.9
铝方通与乳胶漆相接

▶▶ 铝方通与乳胶漆相接（1）

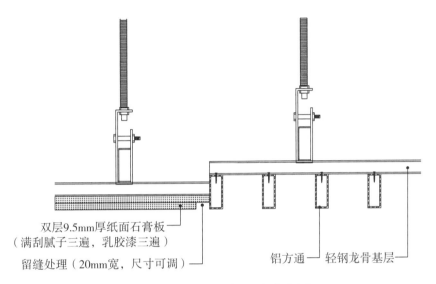

双层9.5mm厚纸面石膏板
（满刮腻子三遍，乳胶漆三遍）

留缝处理（20mm宽，尺寸可调）

铝方通   轻钢龙骨基层

铝方通与乳胶漆相接（1）节点图

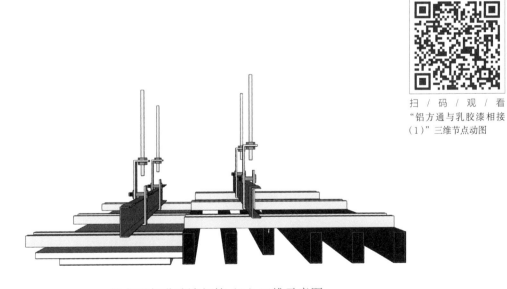

铝方通与乳胶漆相接（1）三维示意图

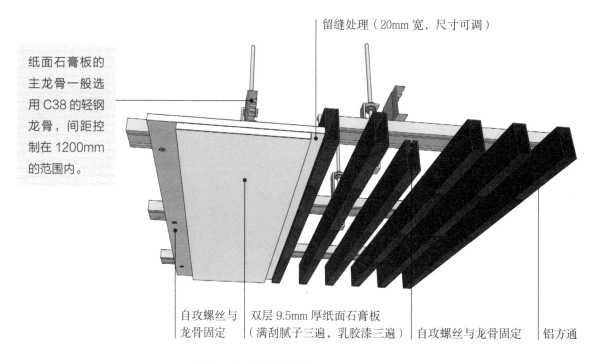

留缝处理（20mm 宽，尺寸可调）

纸面石膏板的主龙骨一般选用 C38 的轻钢龙骨，间距控制在 1200mm 的范围内。

自攻螺丝与龙骨固定　双层 9.5mm 厚纸面石膏板（满刮腻子三遍，乳胶漆三遍）　自攻螺丝与龙骨固定　铝方通

铝方通与乳胶漆相接（1）三维示意图解析

工艺解析

用自攻螺丝将铝方通与次龙骨固定，要注意顶棚的完成面高度与纸面石膏板的完成面高度应一致，并注意成品保护。

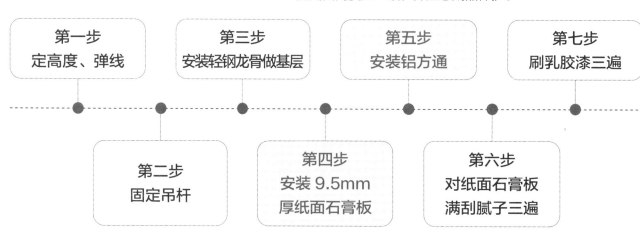

第一步	第三步	第五步	第七步
定高度、弹线	安装轻钢龙骨做基层	安装铝方通	刷乳胶漆三遍

第二步	第四步	第六步
固定吊杆	安装 9.5mm 厚纸面石膏板	对纸面石膏板满刮腻子三遍

用自攻螺丝将纸面石膏板固定于龙骨上，并且注意纸面石膏板与铝方通之间应留 20mm 宽的间隙。

铝方通嵌在顶棚内部，但与石膏板相平，整体顶棚形成了平整的空间，同时铝格栅上刷木纹漆，与地面的橙色相呼应，把前台空间与周围的休闲区做了区分。

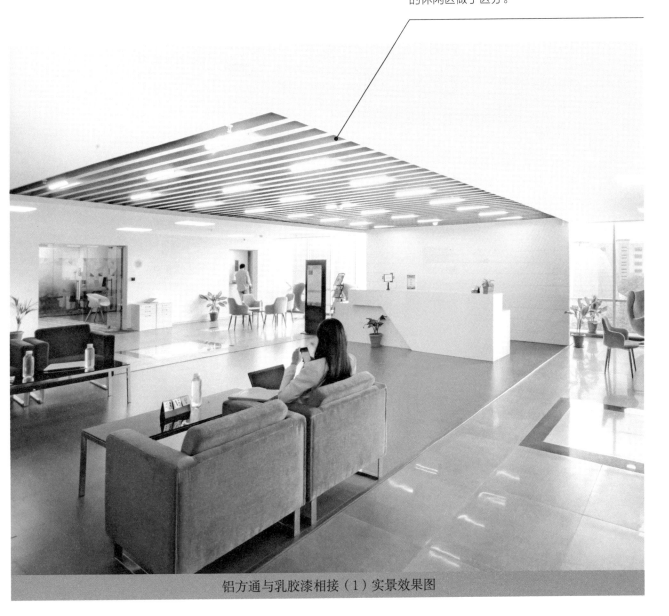

铝方通与乳胶漆相接（1）实景效果图

▶▶ **铝方通与乳胶漆相接（2）**

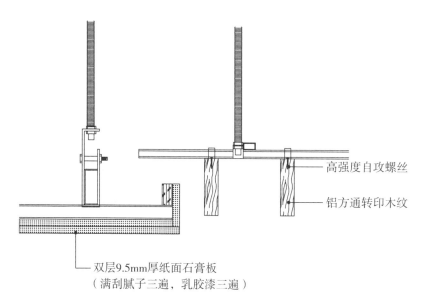

高强度自攻螺丝

铝方通转印木纹

双层9.5mm厚纸面石膏板
（满刮腻子三遍，乳胶漆三遍）

铝方通与乳胶漆相接（2）节点图

扫 / 码 / 观 / 看
"铝方通与乳胶漆相接
（2）"三维节点动图

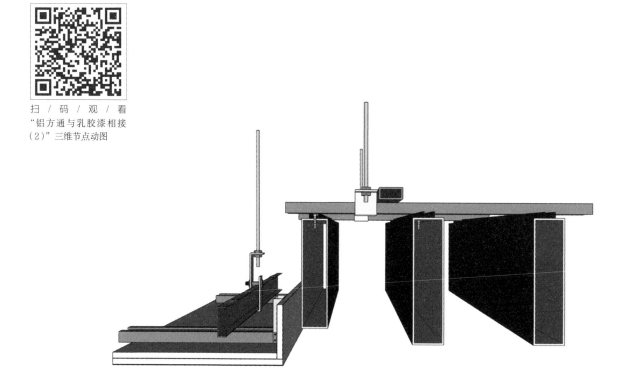

铝方通与乳胶漆相接（2）三维示意图

铝方通可以做与纸面石膏
板不相平的设计，铝方通
高于石膏板会使顶棚上铝
方通的造型更加突出，这
种造型通常用于前台、休
闲区等位置。

轻钢龙骨基层

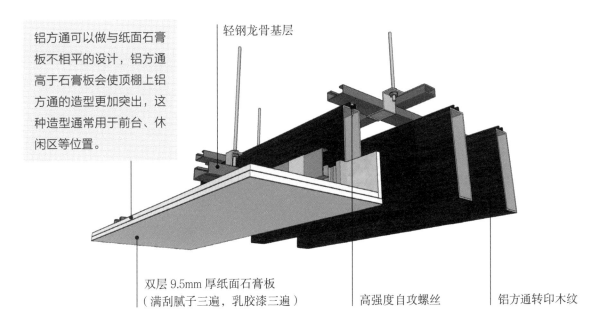

双层 9.5mm 厚纸面石膏板
（满刮腻子三遍，乳胶漆三遍）

高强度自攻螺丝

铝方通转印木纹

铝方通与乳胶漆相接（2）三维示意图解析

工艺解析

根据图纸的高度要求，在墙
体四周弹出高度线，再弹出构件
材料的纵横布置线、造型较复杂
部位的轮廓线。

用自攻螺丝将铝方通与次龙
骨固定，完成固定后，进行最后的
调平，且铝方通与纸面石膏板接口
处，应将纸面石膏板做上翻处理，
与铝方通留 20mm 宽的间隙。

第一步
定高度、弹线

第三步
固定扁铁吊件

第五步
安装铝方通

第二步
固定吊杆

第四步
安装龙骨

铝方通高于旁边的灯带，嵌在顶棚的上方，刷木纹漆的铝格栅与前台的背景墙形成呼应，使整个空间和谐统一。

铝方通与乳胶漆相接（2）实景效果图

5.10
铝格栅与矿棉板相接

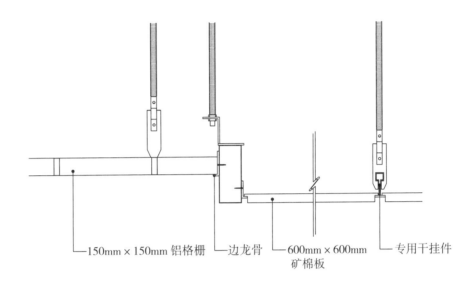

└─ 150mm×150mm 铝格栅 └─ 边龙骨 └─ 600mm×600mm 矿棉板 └─ 专用干挂件

铝格栅与矿棉板相接节点图

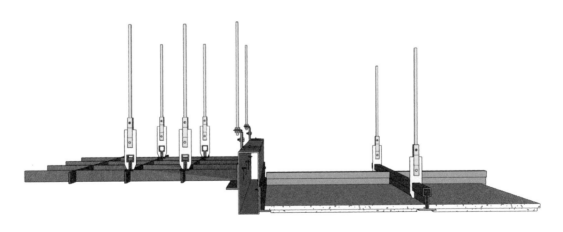

铝格栅与矿棉板相接三维示意图

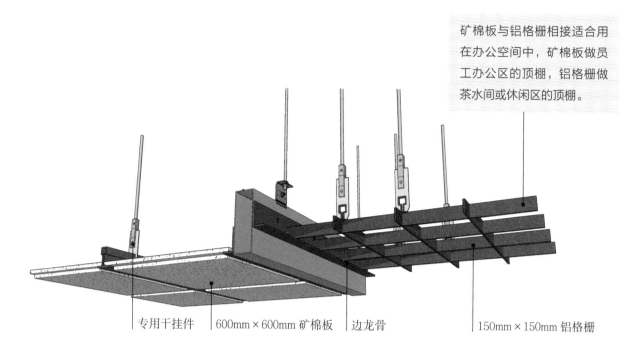

矿棉板与铝格栅相接适合用在办公空间中，矿棉板做员工办公区的顶棚，铝格栅做茶水间或休闲区的顶棚。

专用干挂件　600mm×600mm 矿棉板　边龙骨　150mm×150mm 铝格栅

铝格栅与矿棉板相接三维示意图解析

工艺解析

矿棉板的配套龙骨一般采用烤漆 T 型龙骨，间距与横向规格相同。

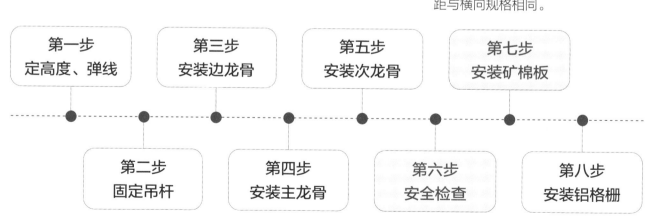

| 第一步 定高度、弹线 | 第三步 安装边龙骨 | 第五步 安装次龙骨 | 第七步 安装矿棉板 |

| 第二步 固定吊杆 | 第四步 安装主龙骨 | 第六步 安全检查 | 第八步 安装铝格栅 |

在安装矿棉板前应对顶棚内的线路、管道等进行隐蔽工程的安全检查。

6

顶棚木饰面与其他材料
相接处节点

木饰面纹理、颜色、样式众多，通过选择不同的木饰面板达到不同的装饰效果，木饰面可以增强视觉感染力，使顶棚的处理更富有个性。在防火等级要求高的项目中，不能在顶棚上使用木饰面，木饰面的防火等级为 B2，是可燃物质，可以用木纹转印铝板或者复合木饰面（木纹覆于金属板或石膏板基层上）来代替。

木饰面能够与多种不同属性的顶棚材料相搭配，能产生不同的效果，且其衔接的构造不同，通常采用细木工板、金属条等做收口，既保证美观又能够起到一定的稳固作用。

6.1
木饰面与镜子相接

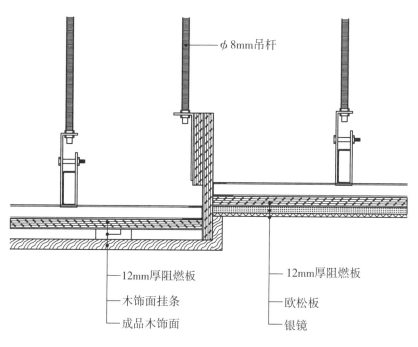

ϕ8mm吊杆

12mm厚阻燃板

木饰面挂条

成品木饰面

12mm厚阻燃板

欧松板

银镜

木饰面与镜子相接节点图

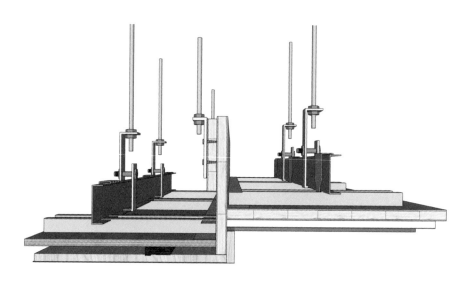

木饰面与镜子相接三维示意图

扫／码／观／看
"木饰面与镜子相接"三
维节点动图

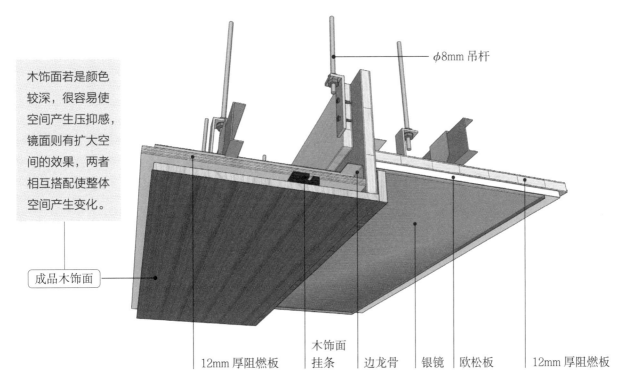

木饰面若是颜色较深，很容易使空间产生压抑感，镜面则有扩大空间的效果，两者相互搭配使整体空间产生变化。

成品木饰面

φ8mm 吊杆

12mm 厚阻燃板　木饰面挂条　边龙骨　银镜　欧松板　12mm 厚阻燃板

木饰面与镜子相接三维示意图解析

工艺解析

12mm 厚阻燃板做基层，表面粘贴欧松板，并用自攻螺丝或枪钉进行固定。

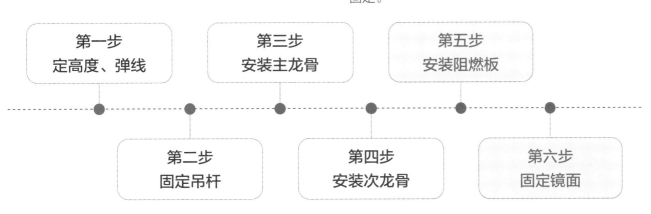

第一步
定高度、弹线

第三步
安装主龙骨

第五步
安装阻燃板

第二步
固定吊杆

第四步
安装次龙骨

第六步
固定镜面

用中性硅胶来粘贴镜面，使用免钉胶打法时要考虑镜子的自重进行打胶，粘贴后需要用固定物固定 24 小时后才能取下固定物。

镜子反射出餐桌，从视觉上延伸了餐厅空间的高度，使有些低矮的顶面显得不会过于带有压迫感，同时木饰面和镜子不同材料的处理也将客厅和餐厅做了一个隐形的分割。

木饰面与镜子相接实景效果图

6.2
木饰面与茶镜相接

▶▶ 木饰面与茶镜相接（1）

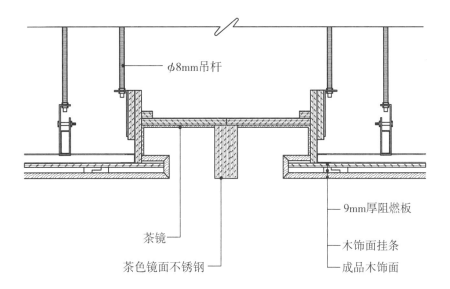

φ8mm吊杆

9mm厚阻燃板

木饰面挂条

成品木饰面

茶镜

茶色镜面不锈钢

木饰面与茶镜相接（1）节点图

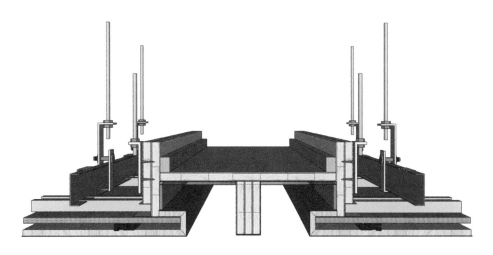

木饰面与茶镜相接（1）三维示意图

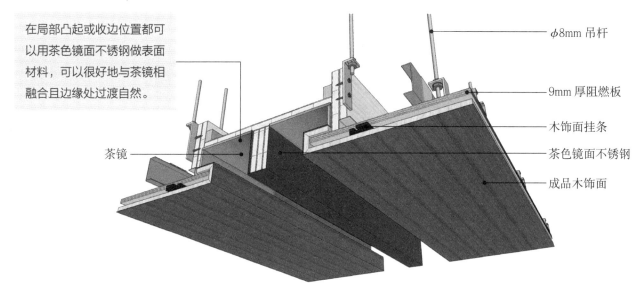

在局部凸起或收边位置都可以用茶色镜面不锈钢做表面材料，可以很好地与茶镜相融合且边缘处过渡自然。

茶镜

φ8mm 吊杆

9mm 厚阻燃板

木饰面挂条

茶色镜面不锈钢

成品木饰面

木饰面与茶镜相接（1）三维示意图解析

工艺解析

9mm 厚阻燃板做茶镜基层，木饰面与基层则用自攻螺丝进行固定。

茶镜用玻璃胶与基层板进行黏结固定，茶色镜面不锈钢也使用玻璃胶固定。

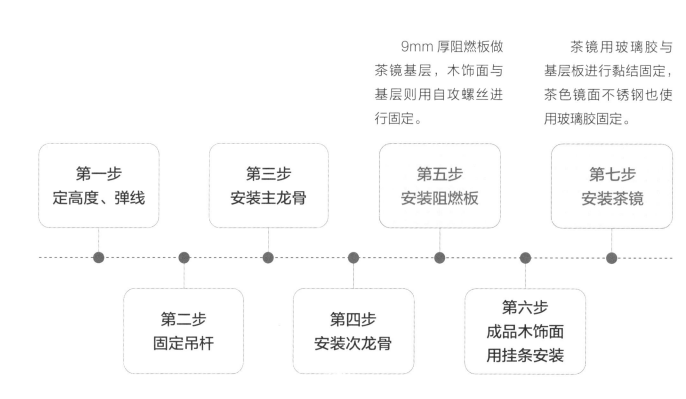

第一步
定高度、弹线

第三步
安装主龙骨

第五步
安装阻燃板

第七步
安装茶镜

第二步
固定吊杆

第四步
安装次龙骨

第六步
成品木饰面
用挂条安装

▶▶ **木饰面与茶镜相接（2）**

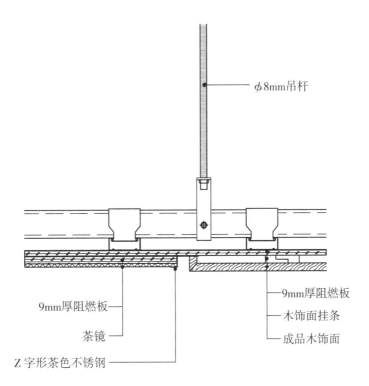

ϕ8mm吊杆

9mm厚阻燃板

9mm厚阻燃板
木饰面挂条
成品木饰面

茶镜

Z字形茶色不锈钢

木饰面与茶镜相接（2）节点图

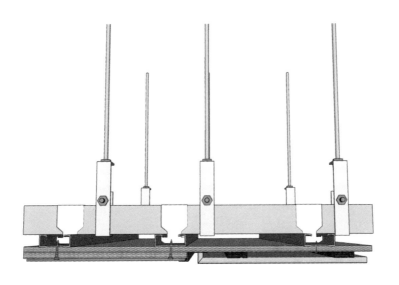

木饰面与茶镜相接（2）三维示意图

扫 / 码 / 观 / 看
"木饰面与茶镜相接（2）"
三维节点动图

215

※ 木饰面与茶镜的完成面相平时，其施工步骤与木饰面与茶镜相接（1）施工步骤相同，详细步骤请见第6章6.2第214页木饰面与茶镜相接（1）中的工艺解析。

Z字形

茶色镜面不锈钢

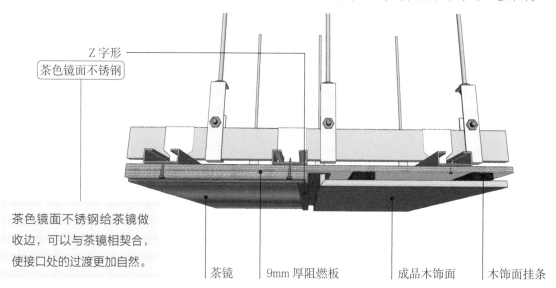

茶色镜面不锈钢给茶镜做收边，可以与茶镜相契合，使接口处的过渡更加自然。

茶镜　　9mm厚阻燃板　　成品木饰面　　木饰面挂条

木饰面与茶镜相接（2）三维示意图解析

茶镜与木饰面同为棕色系，同时四边暗藏灯带，避免了茶镜对光源反光而造成的眩光。

木饰面与茶镜相接（2）实景效果图

6.3
木饰面与钢结构圆柱相接

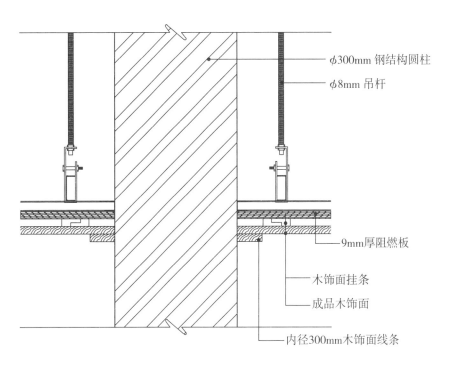

φ300mm 钢结构圆柱

φ8mm 吊杆

9mm厚阻燃板

木饰面挂条

成品木饰面

内径300mm木饰面线条

木饰面与钢结构圆柱相接节点图

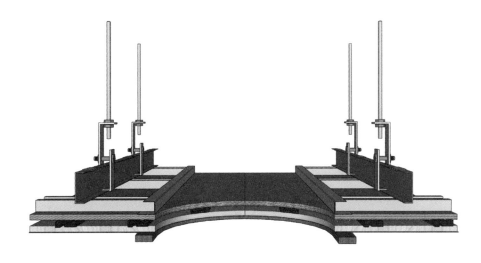

木饰面与钢结构圆柱相接三维示意图

扫 / 码 / 观 / 看
"木饰面与钢结构圆柱相
接"三维节点动图

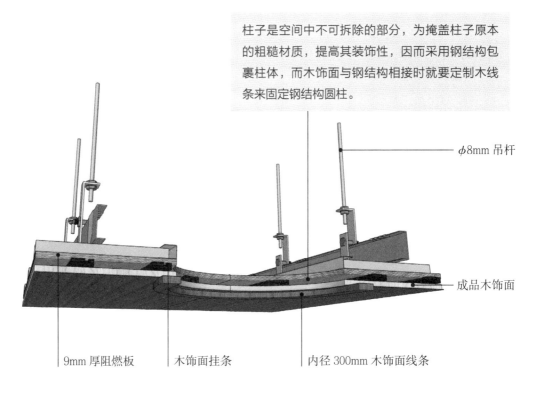

柱子是空间中不可拆除的部分，为掩盖柱子原本的粗糙材质，提高其装饰性，因而采用钢结构包裹柱体，而木饰面与钢结构相接时就要定制木线条来固定钢结构圆柱。

φ8mm 吊杆

成品木饰面

9mm 厚阻燃板　　木饰面挂条　　内径 300mm 木饰面线条

木饰面与钢结构圆柱相接三维示意图解析

工艺解析

9mm 厚阻燃板在涂刷防火涂料三遍后用自攻螺丝将其与龙骨进行固定。

预先加工定制出内径 300mm、外径 350mm 的成品木线条（具体尺寸可根据钢结构圆柱的尺寸进行制作），直接将木线条与木饰面相固定。

第一步 定高度、弹线	第三步 安装主龙骨	第五步 安装阻燃板	第七步 安装木线条

第二步 固定吊杆	第四步 安装次龙骨	第六步 成品木饰面用挂条安装

6.4
木饰面与乳胶漆相接

▶▶ **木饰面与乳胶漆相接（1）**

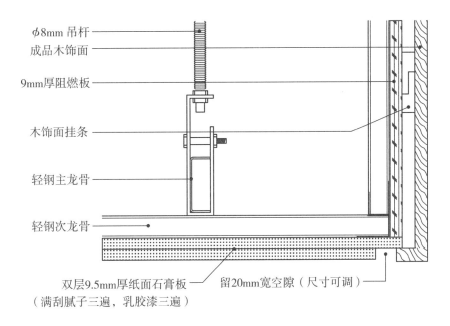

ϕ8mm 吊杆
成品木饰面
9mm厚阻燃板
木饰面挂条
轻钢主龙骨
轻钢次龙骨
双层9.5mm厚纸面石膏板
（满刮腻子三遍，乳胶漆三遍）
留20mm宽空隙（尺寸可调）

木饰面与乳胶漆相接（1）节点图

木饰面与乳胶漆相接（1）三维示意图

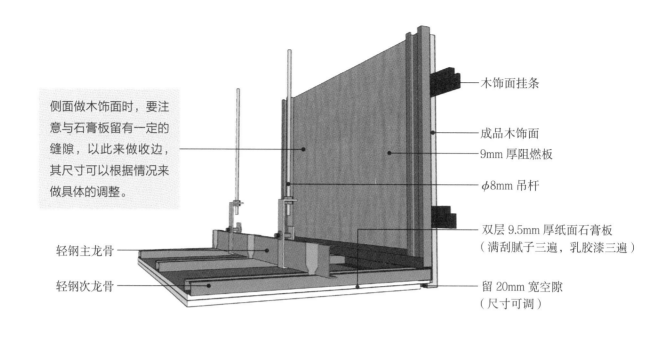

侧面做木饰面时,要注意与石膏板留有一定的缝隙,以此来做收边,其尺寸可以根据情况来做具体的调整。

木饰面挂条

成品木饰面

9mm 厚阻燃板

ϕ8mm 吊杆

双层 9.5mm 厚纸面石膏板
(满刮腻子三遍,乳胶漆三遍)

留 20mm 宽空隙
(尺寸可调)

轻钢主龙骨

轻钢次龙骨

木饰面与乳胶漆相接(1)三维示意图解析

工艺解析

将双层 9.5mm 厚纸面石膏板用自攻螺丝与龙骨进行固定,在木饰面与石膏板交界处留 20mm 宽空隙,且石膏板满刮腻子三遍。

成品木饰面背面安装挂条,再将其与基层的挂条相接且调平即可。

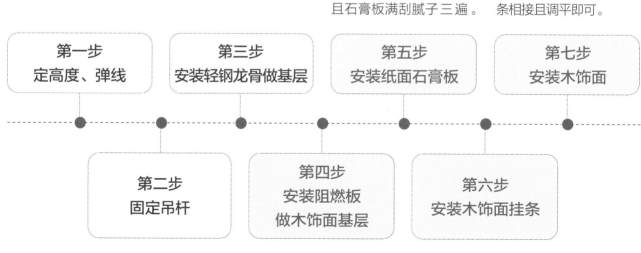

第一步
定高度、弹线

第三步
安装轻钢龙骨做基层

第五步
安装纸面石膏板

第七步
安装木饰面

第二步
固定吊杆

第四步
安装阻燃板
做木饰面基层

第六步
安装木饰面挂条

9mm 厚阻燃板用自攻螺丝与龙骨进行固定。

木饰面的专用挂条用自攻螺丝进行固定,螺丝间距 300mm。

在拼接的处理
上，可以采用
图中这种不规
则的方式，使
顶棚整体更加
具有特色。

木饰面与乳胶漆相接（1）实景效果图

►► **木饰面与乳胶漆相接（2）**

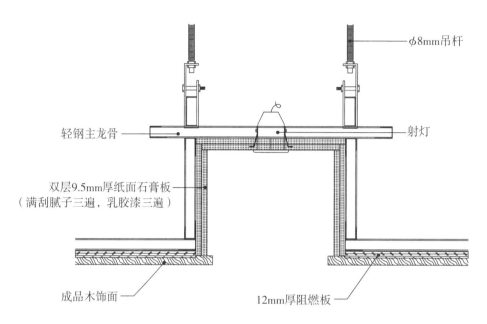

φ8mm吊杆

轻钢主龙骨

射灯

双层9.5mm厚纸面石膏板
（满刮腻子三遍，乳胶漆三遍）

成品木饰面

12mm厚阻燃板

木饰面与乳胶漆相接（2）节点图

扫 / 码 / 观 / 看
"木饰面与乳胶漆相接(2)"
三维节点动图

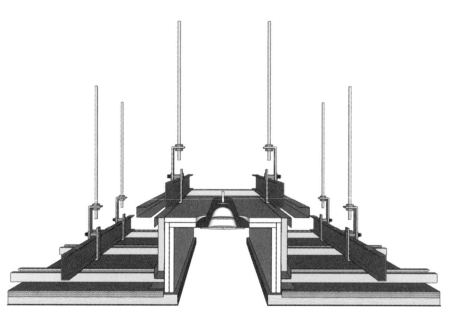

木饰面与乳胶漆相接（2）三维示意图解析

安装木饰面时要注意完成面的控制,两边的木饰面若是不相平,会影响空间整体的装饰效果。适用于需要暗藏灯带的顶棚位置。

※ 该做法不需木饰面专用挂条,用自攻螺丝将阻燃板、木饰面相固定即可,安装方法简单,详细步骤请见本章 6.4 第 220 页木饰面与乳胶漆相接(1)中的工艺解析。

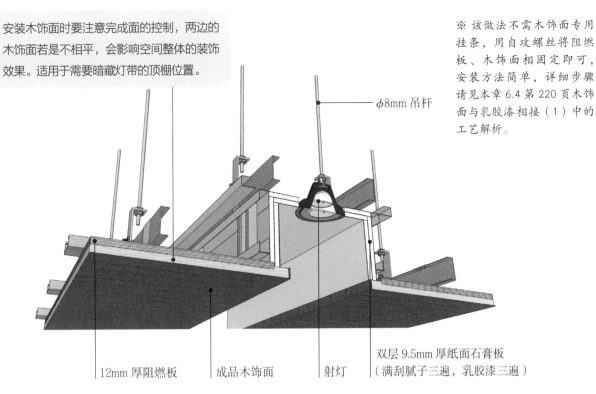

φ8mm 吊杆

12mm 厚阻燃板　　成品木饰面　　射灯　　双层 9.5mm 厚纸面石膏板(满刮腻子三遍,乳胶漆三遍)

木饰面与乳胶漆相接(2)三维示意图解析

木饰面与乳胶漆相平,灯带隐藏在木饰面与乳胶漆中间,完成对空间的照明需求。

木饰面与乳胶漆相接(2)实景效果图

6.5
木饰面与铝方通相接

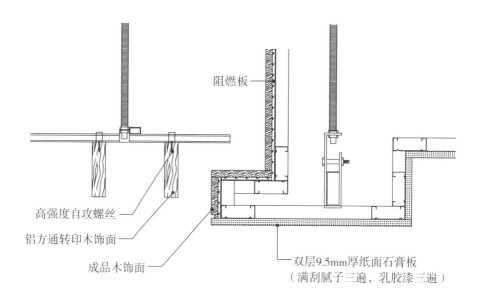

阻燃板

高强度自攻螺丝

铝方通转印木饰面

成品木饰面

双层9.5mm厚纸面石膏板
（满刮腻子三遍，乳胶漆三遍）

木饰面与铝方通相接节点图

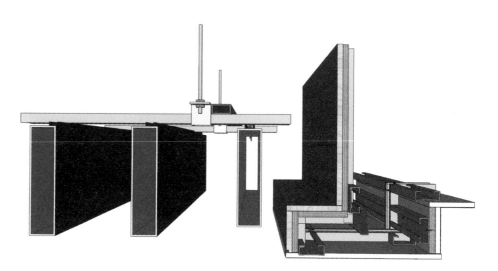

木饰面与铝方通相接三维示意图

扫／码／观／看
"木饰面与铝方通相接"
三维节点动图

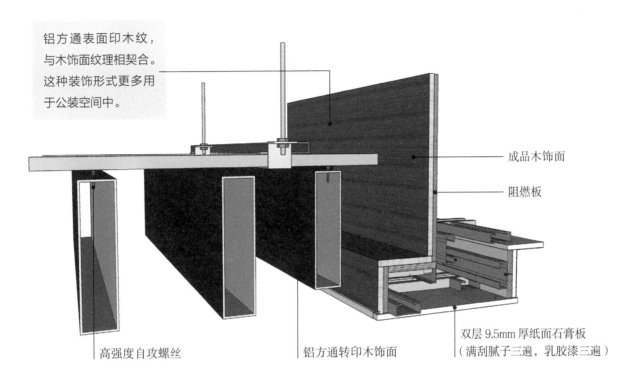

铝方通表面印木纹，与木饰面纹理相契合。这种装饰形式更多用于公装空间中。

成品木饰面

阻燃板

高强度自攻螺丝

铝方通转印木饰面

双层 9.5mm 厚纸面石膏板
（满刮腻子三遍，乳胶漆三遍）

木饰面与铝方通相接三维示意图解析

工艺解析

根据顶棚设计图弹出构件材料的纵横布置线、造型复杂部位的轮廓线及顶棚标高线。

铝方通安装完成后，进行最后的调平，在铝方通和木饰面的交接处留 50mm 宽的缝隙。

第一步
定高度、弹线

第三步
固定龙骨

第五步
安装铝方通

第二步
固定吊杆

第四步
固定扁铁吊件

铝方通中间穿插着筒灯和风口，有规律地分布在顶棚上，形成了带有节奏的韵律感。而且除了节点图中铝方通与木饰面有高差的情况外，还可以像实景图一样，做成齐平的样式，顶棚会更加简约、自然。

木饰面与铝方通相接实景效果图

6.6
木饰面与透光软膜相接

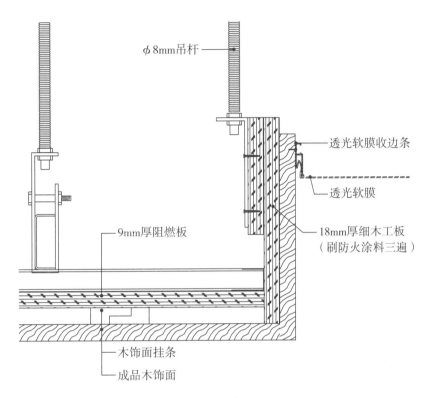

φ8mm吊杆

透光软膜收边条

透光软膜

18mm厚细木工板
（刷防火涂料三遍）

9mm厚阻燃板

木饰面挂条

成品木饰面

木饰面与透光软膜相接节点图

木饰面与透光软膜交接处用收边条对两者进行收边，用自攻螺丝将收边条固定在阻燃板上。

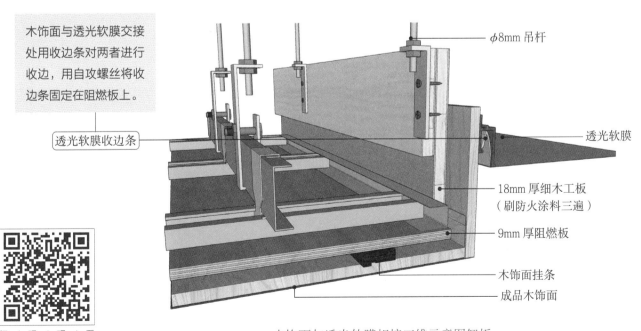

透光软膜收边条

φ8mm 吊杆

透光软膜

18mm 厚细木工板
（刷防火涂料三遍）

9mm 厚阻燃板

木饰面挂条

成品木饰面

木饰面与透光软膜相接三维示意图解析

工艺解析

安装透光软膜时要注意一定要拉紧，将软膜安装平整，灯具与软膜的距离为250mm~300mm，所有的消防、筒灯等需要孔的位置需要预先开好孔。

第一步
定高度、弹线

第二步
固定吊杆

第三步
固定主龙骨

第四步
固定次龙骨

第五步
安装阻燃板

第六步
木饰面用挂条固定

第七步
安装透光软膜

透光软膜在服务台的正上方，无形之中成为格外醒目的位置，带有一定的导向作用。

木饰面与透光软膜相接实景效果图

7

不同设备处顶棚节点

顶棚的空间中会隐藏很多空间内必需的结构和设备，如支撑结构、窗帘盒、空调出风口、风管、挡烟垂壁、检修口、防火卷帘、花洒、投影仪等。

纸面石膏板根据具体情况采用不同的吊顶做法，根据纸面石膏板的类型分为单层、双层纸面石膏板以及其他与纸面石膏板相关的顶棚节点。根据不同的构造做法，其造价成本会有所不同，其适用空间也会有所区别，尤其是很多构造做法需要的高度较高，不适合在家庭空间中使用，避免因完成面的层高过低而产生压抑感。

7.1

倒三角法支撑顶棚

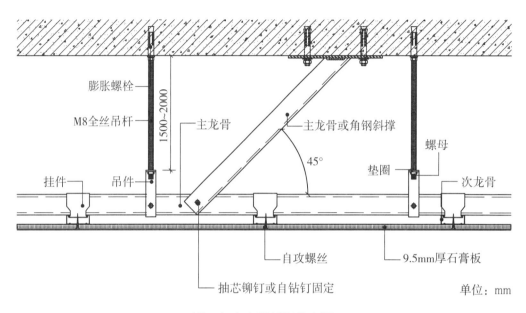

膨胀螺栓

M8全丝吊杆

1500~2000

主龙骨

主龙骨或角钢斜撑

45°

螺母

垫圈

次龙骨

挂件

吊件

自攻螺丝

9.5mm厚石膏板

抽芯铆钉或自钻钉固定

单位：mm

倒三角法支撑顶棚节点图

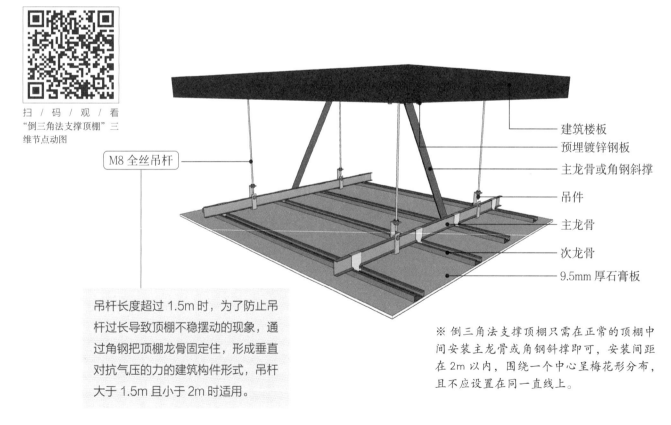

扫 / 码 / 观 / 看
"倒三角法支撑顶棚"三
维节点动图

M8 全丝吊杆

建筑楼板

预埋镀锌钢板

主龙骨或角钢斜撑

吊件

主龙骨

次龙骨

9.5mm 厚石膏板

吊杆长度超过 1.5m 时，为了防止吊杆过长导致顶棚不稳摆动的现象，通过角钢把顶棚龙骨固定住，形成垂直对抗气压的力的建筑构件形式，吊杆大于 1.5m 且小于 2m 时适用。

※ 倒三角法支撑顶棚只需在正常的顶棚中间安装主龙骨或角钢斜撑即可，安装间距在 2m 以内，围绕一个中心呈梅花形分布，且不应设置在同一直线上。

倒三角法支撑顶棚三维示意图解析

7.2
主龙骨拉结反支撑顶棚

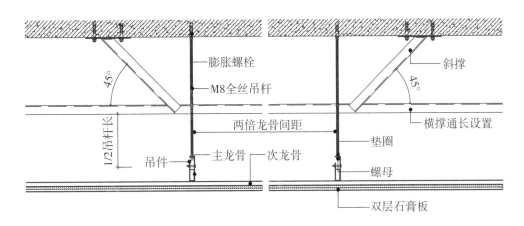

主龙骨拉结反支撑顶棚节点图

标注：膨胀螺栓、M8全丝吊杆、斜撑、45°、1/2吊杆长、两倍龙骨间距、横撑通长设置、吊件、主龙骨、次龙骨、垫圈、螺母、双层石膏板

适用于吊杆长度超过 1.5m 且小于 3m 的情况。

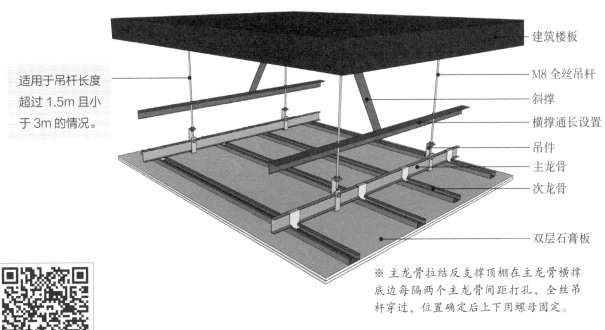

标注：建筑楼板、M8全丝吊杆、斜撑、横撑通长设置、吊件、主龙骨、次龙骨、双层石膏板

※ 主龙骨拉结反支撑顶棚在主龙骨横撑底边每隔两个主龙骨间距打孔，全丝吊杆穿过，位置确定后上下用螺母固定。

主龙骨拉结反支撑顶棚三维示意图解析

扫 / 码 / 观 / 看
"主龙骨拉结反支撑顶棚" 三维节点动图

7.3
反支撑顶棚

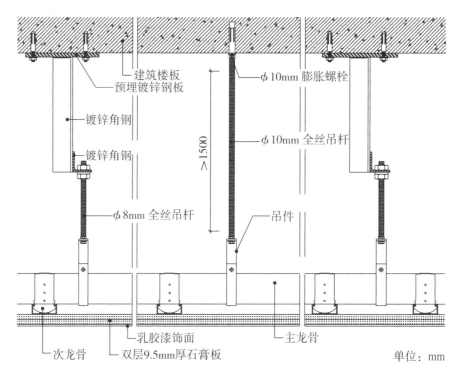

建筑楼板
预埋镀锌钢板
镀锌角钢
镀锌角钢
ϕ10mm 膨胀螺栓
ϕ10mm 全丝吊杆
>1500
ϕ8mm 全丝吊杆
吊件
次龙骨
乳胶漆饰面
双层9.5mm厚石膏板
主龙骨
单位：mm

反支撑顶棚节点图

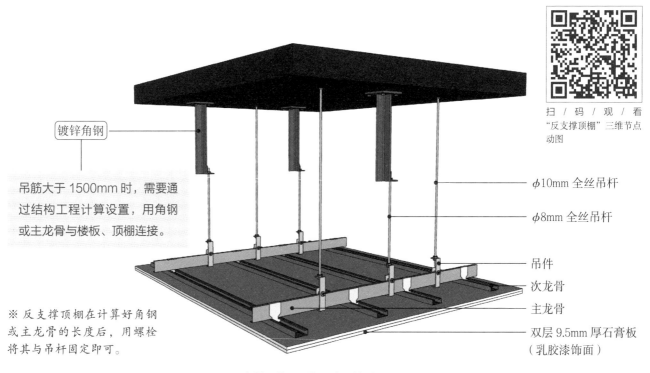

镀锌角钢

吊筋大于1500mm时，需要通过结构工程计算设置，用角钢或主龙骨与楼板、顶棚连接。

ϕ10mm 全丝吊杆
ϕ8mm 全丝吊杆
吊件
次龙骨
主龙骨
双层9.5mm 厚石膏板（乳胶漆饰面）

扫 / 码 / 观 / 看
"反支撑顶棚"三维节点
动图

※ 反支撑顶棚在计算好角钢或主龙骨的长度后，用螺栓将其与吊杆固定即可。

反支撑顶棚三维示意图解析

7.4
顶棚窗帘盒

▶▶ 明装式窗帘盒（高于窗户）

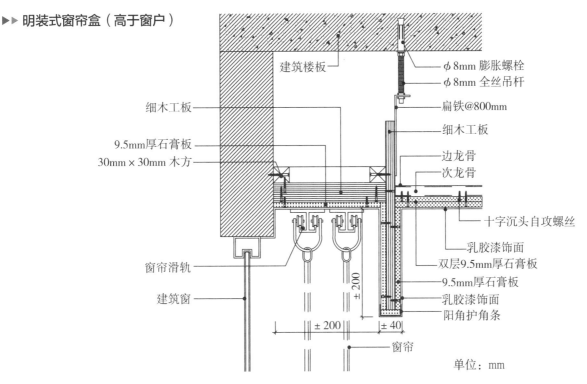

建筑楼板
细木工板
9.5mm厚石膏板
30mm × 30mm 木方
窗帘滑轨
建筑窗

ϕ8mm 膨胀螺栓
ϕ8mm 全丝吊杆
扁铁@800mm
细木工板
边龙骨
次龙骨
十字沉头自攻螺丝
乳胶漆饰面
双层9.5mm厚石膏板
9.5mm厚石膏板
乳胶漆饰面
阳角护角条

±200
±200
±40
窗帘
单位：mm

明装式窗帘盒（高于窗户）节点图

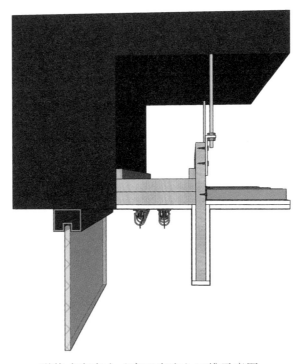

明装式窗帘盒（高于窗户）三维示意图

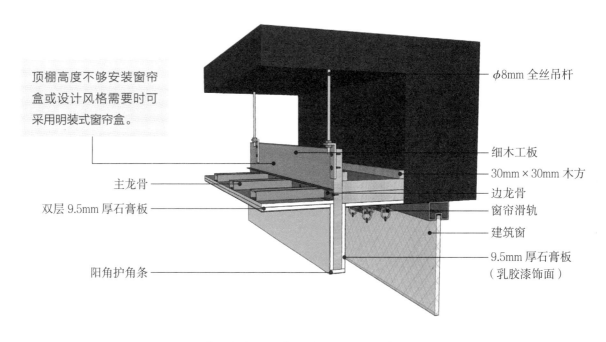

顶棚高度不够安装窗帘盒或设计风格需要时可采用明装式窗帘盒。

ϕ8mm 全丝吊杆

细木工板

30mm×30mm 木方

边龙骨

窗帘滑轨

建筑窗

9.5mm 厚石膏板（乳胶漆饰面）

主龙骨

双层 9.5mm 厚石膏板

阳角护角条

明装式窗帘盒（高于窗户）三维示意图解析

工艺解析

将 18mm 厚细木工板涂刷防火涂料三遍后，用自攻螺丝将其与吸顶吊件相固定。

| 第一步 定高度、弹线 | 第三步 固定主龙骨 | 第五步 固定细木工板 | 第七步 满刮腻子三遍 |

| 第二步 固定吊杆、扁铁吊件 | 第四步 固定次龙骨 | 第六步 封板 | 第八步 刷乳胶漆三遍 |

在窗帘盒部位的顶部封一层 9.5mm 厚纸面石膏板。其余顶棚部位则采用双层的 9.5mm 厚的纸面石膏板，将其用自攻螺丝与龙骨固定。

明装式窗帘盒包裹住了窗帘杆等窗帘的设备部分，使窗帘盒的位置更加整洁。

明装式窗帘盒（高于窗户）实景效果图

►► 明装式窗帘盒（低于窗户）

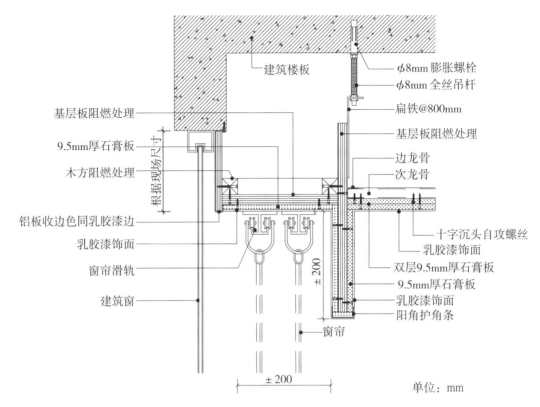

建筑楼板
ϕ8mm 膨胀螺栓
ϕ8mm 全丝吊杆
扁铁@800mm
基层板阻燃处理
边龙骨
次龙骨

基层板阻燃处理
9.5mm厚石膏板
木方阻燃处理
根据现场尺寸

铝板收边色同乳胶漆边
乳胶漆饰面
窗帘滑轨
建筑窗

十字沉头自攻螺丝
乳胶漆饰面
双层9.5mm厚石膏板
9.5mm厚石膏板
乳胶漆饰面
阳角护角条

± 200
窗帘

± 200
单位：mm

明装式窗帘盒（低于窗户）节点图

扫 / 码 / 观 / 看
"明装式窗帘盒（低于窗
户）"三维节点动图

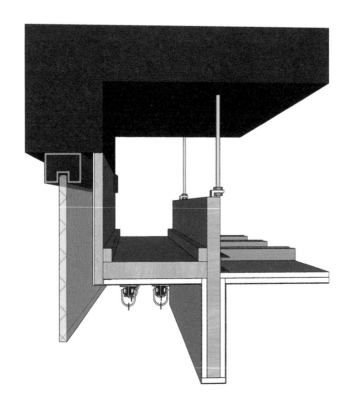

明装式窗帘盒（低于窗户）三维示意图

※ 该做法与明装式窗帘盒（高于窗户）的步骤大致相同，详细步骤请见本章 7.4 第 234 页明装式窗帘盒（高于窗户）中的工艺解析。

窗帘盒位置低于窗户时要做相应的竖向挡板和窗框相接，并对挡板朝向窗户一侧进行饰面处理。

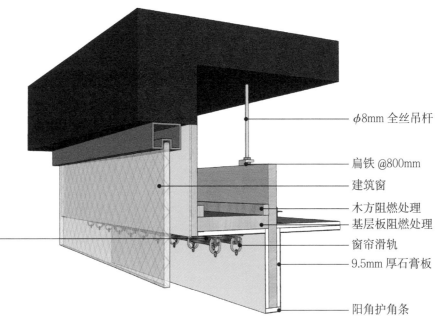

φ8mm 全丝吊杆

扁铁 @800mm

建筑窗

木方阻燃处理

基层板阻燃处理

窗帘滑轨

9.5mm 厚石膏板

阳角护角条

明装式窗帘盒（低于窗户）三维示意图解析

卷帘和双开帘相结合，遮光性更好，而且双开帘弥补了卷帘在两侧可能会漏光的问题。

明装式窗帘盒（低于窗户）实景效果图

►► **暗装式窗帘盒（高于窗户）**

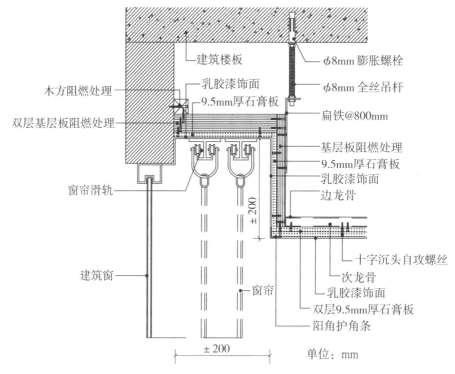

建筑楼板
木方阻燃处理
乳胶漆饰面
9.5mm厚石膏板
双层基层板阻燃处理
窗帘滑轨
建筑窗
±200
±200

φ8mm 膨胀螺栓
φ8mm 全丝吊杆
扁铁@800mm
基层板阻燃处理
9.5mm厚石膏板
乳胶漆饰面
边龙骨
十字沉头自攻螺丝
次龙骨
乳胶漆饰面
双层9.5mm厚石膏板
阳角护角条
窗帘
单位：mm

暗装式窗帘盒（高于窗户）节点图

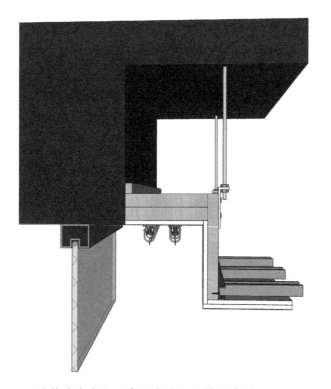

暗装式窗帘盒（高于窗户）三维示意图

扫 / 码 / 观 / 看
"暗装式窗帘盒（高于窗户）"三维节点动图

※ 该做法与明装式窗帘盒的步骤大致相同，详细步骤请
见本章 7.4 第 234 页明装式窗帘盒中的工艺解析。

窗帘盒宽度一般为 200mm（双帘，一层纱帘，一层遮光帘）。若是单帘（一层遮光帘），则可以考虑宽度留 150mm。电动窗帘则一般预留 250mm 的宽度。

木方阻燃处理

基层板阻燃处理

乳胶漆饰面

边龙骨

窗帘滑轨

次龙骨

建筑窗

9.5mm 厚石膏板

双层纸面石膏板

暗装式窗帘盒（高于窗户）三维示意图解析

暗装式窗帘盒和顶棚设计融为一体，
不会使窗帘盒显得突兀。

30°25'30.83"

120°21'55.12"

N28°23'48.89"
E112°94'54.73"
8080&JIAJIA

N
E

暗装式窗帘盒（高于窗户）实景效果图

▶▶ **暗装式窗帘盒（低于窗户）**

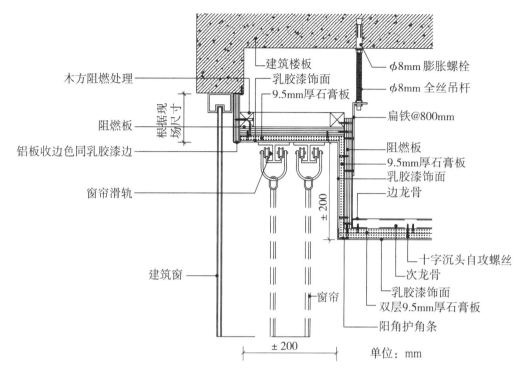

木方阻燃处理
建筑楼板
乳胶漆饰面
9.5mm厚石膏板
φ8mm 膨胀螺栓
φ8mm 全丝吊杆
阻燃板
根据现场尺寸
扁铁@800mm
铝板收边色同乳胶漆边
阻燃板
9.5mm厚石膏板
乳胶漆饰面
边龙骨
窗帘滑轨
±200
十字沉头自攻螺丝
次龙骨
建筑窗
乳胶漆饰面
双层9.5mm厚石膏板
窗帘
阳角护角条
±200
单位：mm

暗装式窗帘盒（低于窗户）节点图

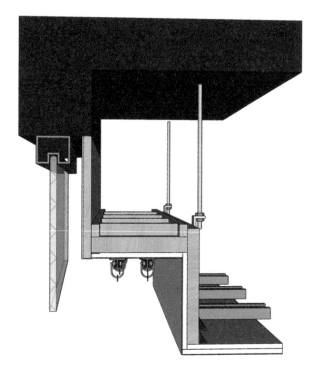

暗装式窗帘盒（低于窗户）三维示意图

扫 / 码 / 观 / 看
"暗装式窗帘盒（低于窗
户）"三维节点动图

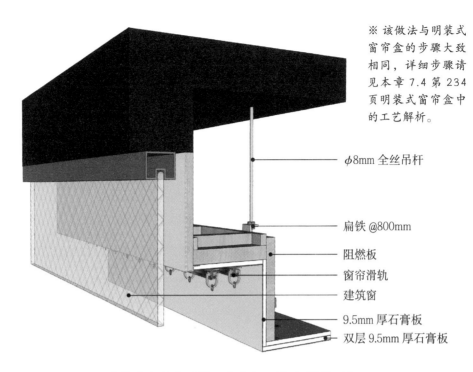

※ 该做法与明装式窗帘盒的步骤大致相同，详细步骤请见本章 7.4 第 234 页明装式窗帘盒中的工艺解析。

φ8mm 全丝吊杆

扁铁 @800mm

阻燃板

窗帘滑轨

建筑窗

9.5mm 厚石膏板

双层 9.5mm 厚石膏板

暗装式窗帘盒（低于窗户）三维示意图解析

双层帘给居住者提供了多个选择，白天在光线刺眼时拉上纱帘，可以避免眩光，柔和光线；晚上睡觉则拉上遮光帘，方便睡眠。

暗装式窗帘盒（低于窗户）实景效果图

7.5
空调出风口

▶▶ **空调下出风口（1）**

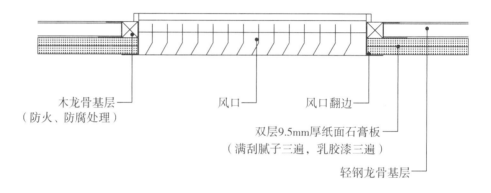

木龙骨基层
（防火、防腐处理）　　　　风口　　　　风口翻边

双层9.5mm厚纸面石膏板
（满刮腻子三遍，乳胶漆三遍）

轻钢龙骨基层

空调下出风口（1）节点图

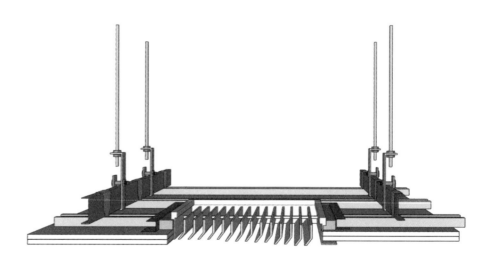

空调下出风口（1）三维示意图

扫 / 码 / 观 / 看
"空调下出风口（1）"三
维节点动图

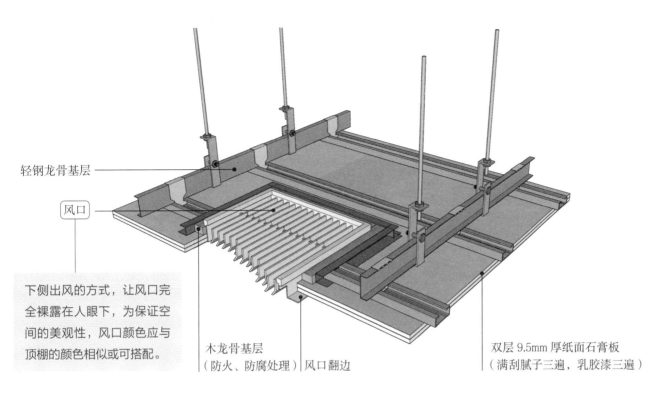

轻钢龙骨基层

风口

下侧出风的方式，让风口完
全裸露在人眼下，为保证空
间的美观性，风口颜色应与
顶棚的颜色相似或可搭配。

木龙骨基层
（防火、防腐处理）

风口翻边

双层 9.5mm 厚纸面石膏板
（满刮腻子三遍，乳胶漆三遍）

空调下出风口（1）三维示意图解析

工艺解析

在风口的边缘处制作木龙骨基
层，并对木龙骨做防火、防腐处理。

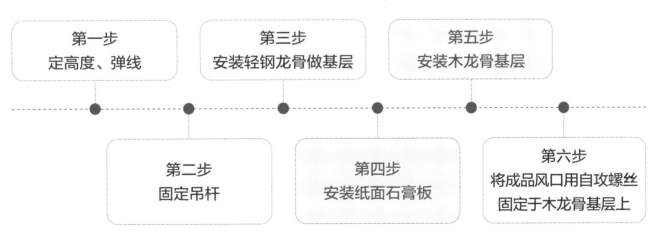

| 第一步 | 第三步 | 第五步 |
| 定高度、弹线 | 安装轻钢龙骨做基层 | 安装木龙骨基层 |

| 第二步 | 第四步 | 第六步 |
| 固定吊杆 | 安装纸面石膏板 | 将成品风口用自攻螺丝 固定于木龙骨基层上 |

预先测量风口的大小，并在纸面石膏板
上根据其尺寸以及顶棚设计中风口的位置裁
切好，给风口留空，然后再将 9.5mm 厚的
纸面石膏板用自攻螺丝安装在龙骨上。

顶棚设计时根据风口的宽度预留了一定的位置，白色
的风口和顶棚融为一体，不影响顶棚的装饰性。

空调下出风口（1）实景效果图

▶▶ **空调下出风口（2）**

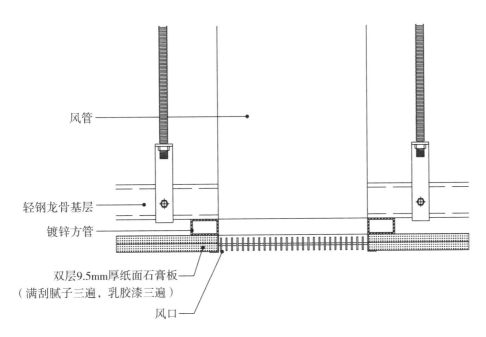

风管

轻钢龙骨基层

镀锌方管

双层9.5mm厚纸面石膏板
（满刮腻子三遍，乳胶漆三遍）

风口

空调下出风口（2）节点图

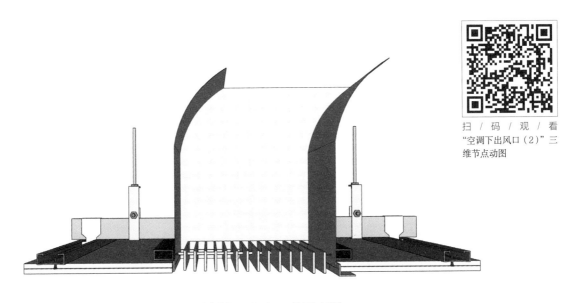

空调下出风口（2）三维示意图

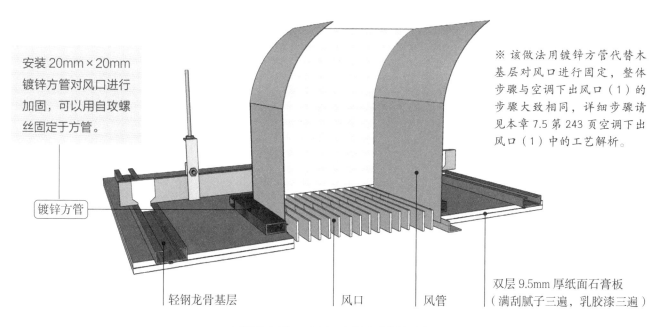

安装 20mm × 20mm 镀锌方管对风口进行加固，可以用自攻螺丝固定于方管。

镀锌方管

※ 该做法用镀锌方管代替木基层对风口进行固定，整体步骤与空调下出风口（1）的步骤大致相同，详细步骤请见本章 7.5 第 243 页空调下出风口（1）中的工艺解析。

轻钢龙骨基层　　风口　　风管

双层 9.5mm 厚纸面石膏板（满刮腻子三遍，乳胶漆三遍）

空调下出风口（2）三维示意图解析

下风口和侧风口都安装上，能够有效地加快空间温度的变化。

空调下出风口（2）实景效果图

►► 空调侧出风口

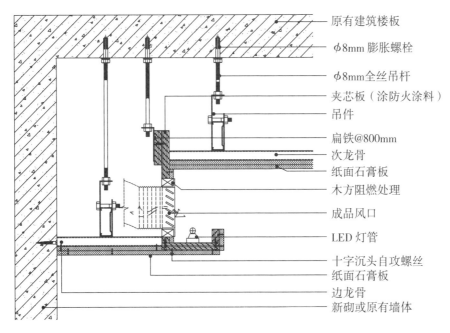

原有建筑楼板

φ8mm 膨胀螺栓

φ8mm 全丝吊杆

夹芯板（涂防火涂料）

吊件

扁铁@800mm

次龙骨

纸面石膏板

木方阻燃处理

成品风口

LED 灯管

十字沉头自攻螺丝

纸面石膏板

边龙骨

新砌或原有墙体

空调侧出风口节点图

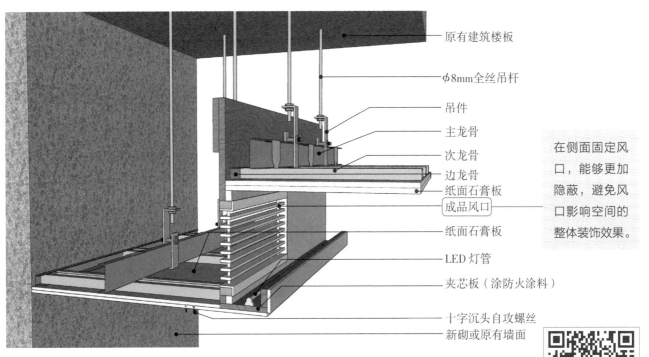

原有建筑楼板

φ8mm 全丝吊杆

吊件

主龙骨

次龙骨

边龙骨

纸面石膏板

成品风口

纸面石膏板

LED 灯管

夹芯板（涂防火涂料）

十字沉头自攻螺丝

新砌或原有墙面

在侧面固定风口，能够更加隐蔽，避免风口影响空间的整体装饰效果。

※ 该做法需要用扁铁在侧面安装夹芯板，来做风口的基层，整体步骤与空调下出风口（1）的步骤大致相同，详细步骤请见本章7.5第243页空调下出风口（1）中的工艺解析。

空调侧出风口三维示意图解析

扫 / 码 / 观 / 看
"空调侧出风口"三维节点动图

空调隐蔽在顶棚中，风口设置在顶棚
的侧面会更加隐蔽，也不会影响顶棚
的装饰效果。

空调侧出风口实景效果图

7.6
空调风管

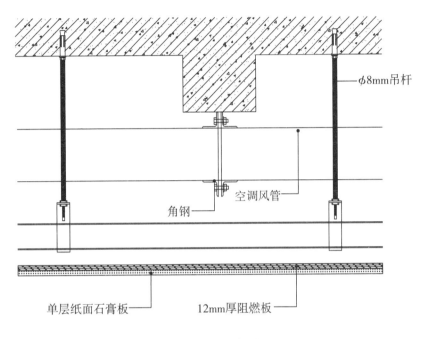

φ8mm吊杆

空调风管

角钢

单层纸面石膏板 ——— 12mm厚阻燃板

空调风管节点图

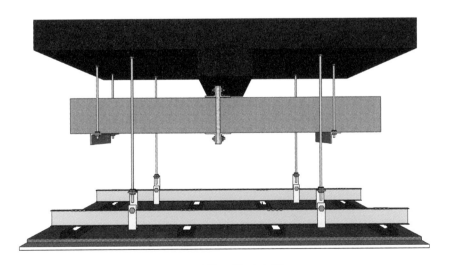

空调风管三维示意图

扫 / 码 / 观 / 看
"空调风管"三维节点动图

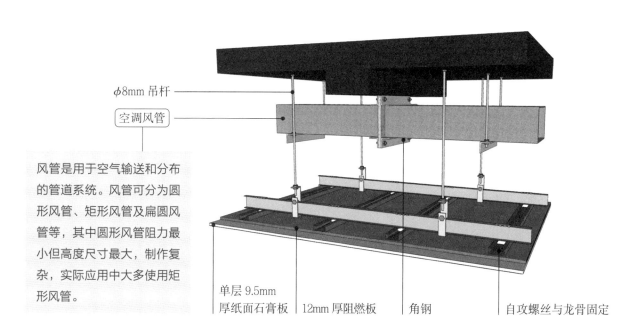

φ8mm 吊杆

空调风管

风管是用于空气输送和分布的管道系统。风管可分为圆形风管、矩形风管及扁圆风管等，其中圆形风管阻力最小但高度尺寸最大，制作复杂，实际应用中大多使用矩形风管。

单层 9.5mm 厚纸面石膏板　12mm 厚阻燃板　角钢　自攻螺丝与龙骨固定

空调风管三维示意图解析

工艺解析

先根据设计图纸将空调风口安装好，再用膨胀螺栓把吊杆与钢筋混凝土楼板进行固定。

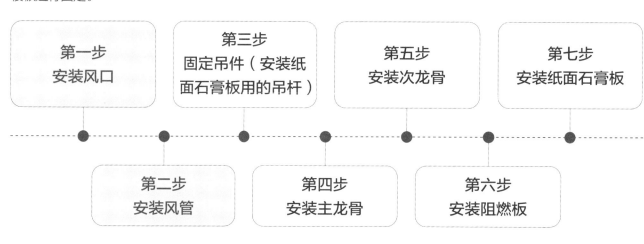

第一步
安装风口

第三步
固定吊件（安装纸面石膏板用的吊杆）

第五步
安装次龙骨

第七步
安装纸面石膏板

第二步
安装风管

第四步
安装主龙骨

第六步
安装阻燃板

将吊杆与角钢进行固定，让风管直接搭在角钢上，以此达到稳固的目的。

7.7
玻璃挡烟垂壁

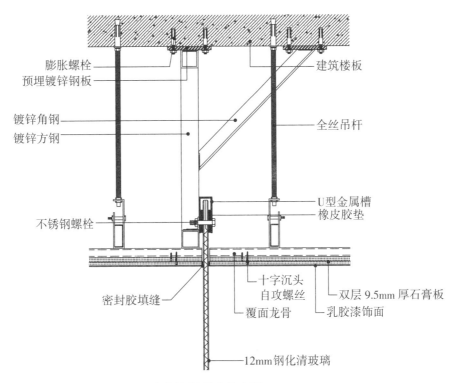

膨胀螺栓
预埋镀锌钢板

镀锌角钢
镀锌方钢

不锈钢螺栓

建筑楼板

全丝吊杆

U型金属槽
橡皮胶垫

密封胶填缝

十字沉头
自攻螺丝

覆面龙骨

双层 9.5mm 厚石膏板

乳胶漆饰面

12mm 钢化清玻璃

玻璃挡烟垂壁节点图

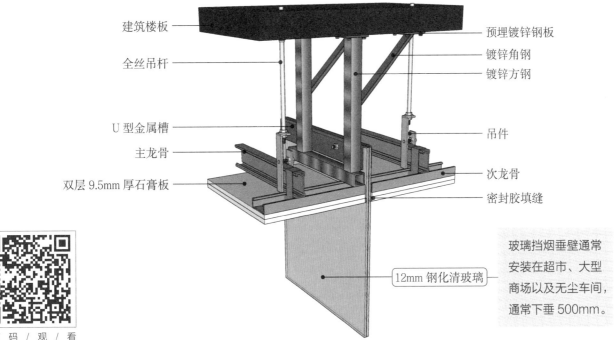

建筑楼板

全丝吊杆

U 型金属槽

主龙骨

双层 9.5mm 厚石膏板

预埋镀锌钢板

镀锌角钢
镀锌方钢

吊件

次龙骨

密封胶填缝

12mm 钢化清玻璃

玻璃挡烟垂壁通常
安装在超市、大型
商场以及无尘车间,
通常下垂 500mm。

玻璃挡烟垂壁三维示意图解析

工艺解析

第一步	第二步	第三步
定高度、弹线	预埋膨胀螺栓	预埋镀锌钢板

挡烟垂壁定位轴线的测量放线必须与主体结构的主轴线平行或垂直，以免挡烟垂壁和室内装饰施工时发生矛盾，造成阴阳角不方正和装饰面不平行等缺陷。

第六步	第五步	第四步
固定镀锌角钢	固定镀锌方钢	固定吊杆

第七步	第八步	第九步
安装主龙骨	安装次龙骨	安装 U 型金属槽

第十一步	第十步
固定玻璃	安装玻璃

安装电动吸盘机来固定玻璃，电动吸盘机必须定位，左右对称，且略偏玻璃中心上方，使起吊后的玻璃不会左右斜偏，也不会发生转动。

安装玻璃时要注意玻璃有无裂纹和崩边，同时用记号笔标注玻璃的中心位置。

7.8
可升降挡烟垂壁

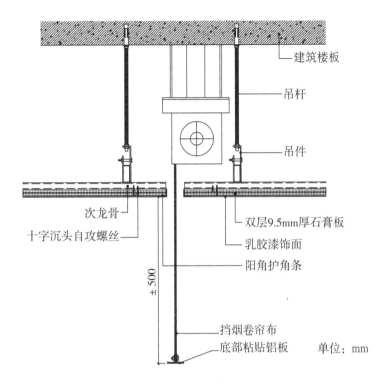

建筑楼板

吊杆

吊件

次龙骨

十字沉头自攻螺丝

双层9.5mm厚石膏板

乳胶漆饰面

阳角护角条

±500

挡烟卷帘布

底部粘贴铝板

单位：mm

可升降挡烟垂壁节点图

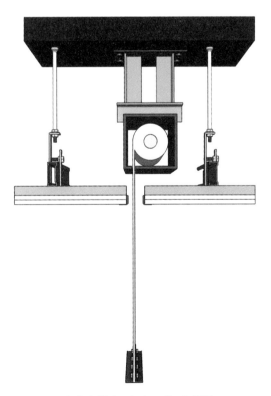

可升降挡烟垂壁三维示意图

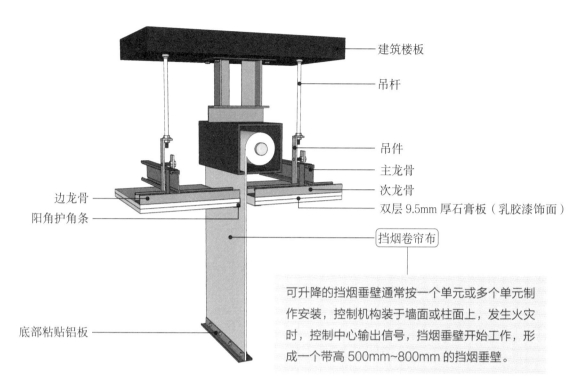

建筑楼板

吊杆

吊件

主龙骨

次龙骨

双层 9.5mm 厚石膏板（乳胶漆饰面）

挡烟卷帘布

边龙骨

阳角护角条

底部粘贴铝板

可升降的挡烟垂壁通常按一个单元或多个单元制作安装，控制机构装于墙面或柱面上，发生火灾时，控制中心输出信号，挡烟垂壁开始工作，形成一个带高 500mm~800mm 的挡烟垂壁。

可升降挡烟垂壁三维示意图解析

工艺解析

| 第一步 定高度、弹线 | 第三步 安装电动挡烟卷帘 | 第五步 安装主、次及边龙骨 |

| 第二步 固定吊杆 | 第四步 复核挡烟垂壁的垂度 | 第六步 安装石膏板 |

使用高精度的激光水准仪、经纬仪，配合用标准钢卷尺、重锤、水平尺等复核，以确保挡烟垂壁的垂直精度，要求上、下中心线偏差小于 1mm~2mm。

7.9
检修口

▶▶ **成品检修口**

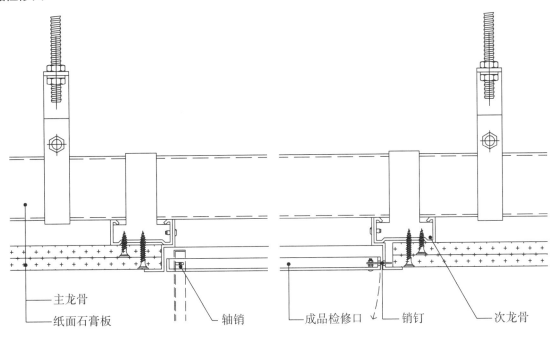

主龙骨
纸面石膏板
轴销
成品检修口
销钉
次龙骨

成品检修口节点图

扫 / 码 / 观 / 看
"成品检修口"三维节
点动图

※ 检修口的安装方式与纸面石膏板大致相
同，详细步骤请见第 1 章 1.4 第 14 页悬挂
式纸面石膏板顶棚中的工艺解析。

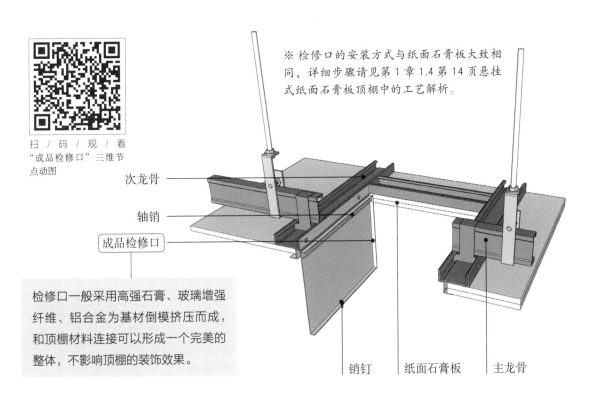

次龙骨
轴销
成品检修口

检修口一般采用高强石膏、玻璃增强
纤维、铝合金为基材倒模挤压而成，
和顶棚材料连接可以形成一个完美的
整体，不影响顶棚的装饰效果。

销钉
纸面石膏板
主龙骨

成品检修口三维示意图解析

►► **成品铝边检修口加固**

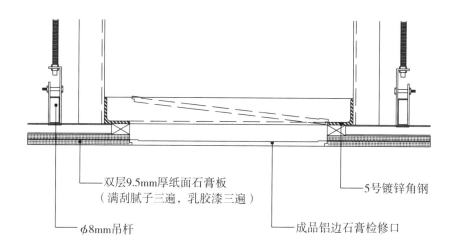

—— 双层9.5mm厚纸面石膏板
（满刮腻子三遍，乳胶漆三遍）

—— 5号镀锌角钢

—— φ8mm吊杆

—— 成品铝边石膏检修口

成品铝边检修口加固节点图

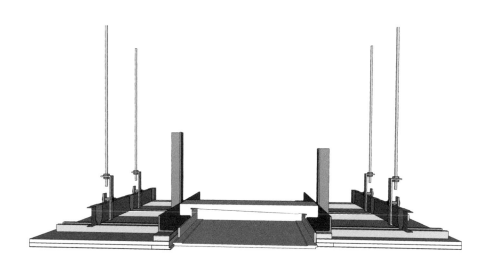

成品铝边检修口加固三维示意图

扫 / 码 / 观 / 看
"成品铝边检修口加固"
三维节点动图

※ 检修口的安装方式与纸面石膏板大致相同，只需要使用5号镀锌角钢进行加固即可，详细步骤请见第1章1.4第14页悬挂式纸面石膏板顶棚中的工艺解析。

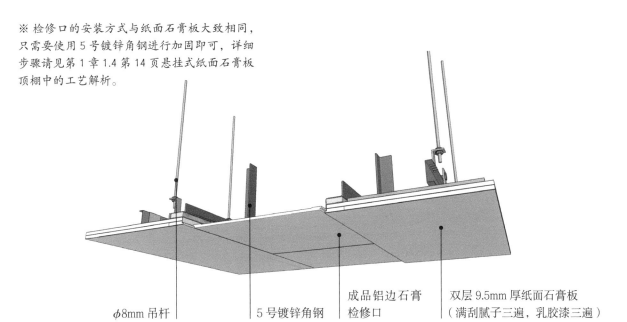

φ8mm 吊杆　　5号镀锌角钢　　成品铝边石膏检修口　　双层 9.5mm 厚纸面石膏板（满刮腻子三遍，乳胶漆三遍）

成品铝边检修口加固三维示意图解析

成品铝边做加固的同时，也有一定的装饰效果。加了铝边的检修口与顶棚中灯具等按照一定规律分布在顶棚上，给普通的顶棚增加了亮点。

成品铝边检修口加固实景效果图

7.10
防火卷帘

▶▶ 单轨防火卷帘

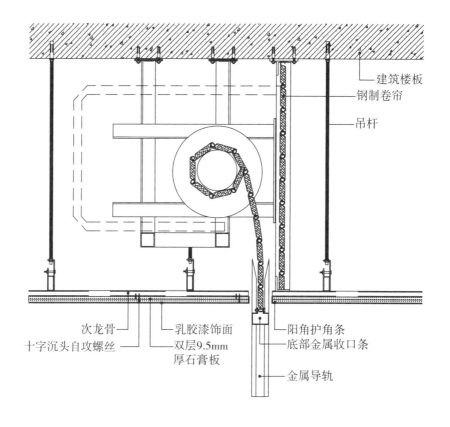

次龙骨 ——
十字沉头自攻螺丝 ——
乳胶漆饰面 ——
双层9.5mm 厚石膏板
阳角护角条 ——
底部金属收口条 ——
金属导轨 ——
建筑楼板
钢制卷帘
吊杆

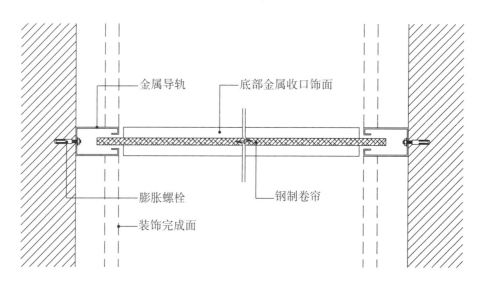

金属导轨
底部金属收口饰面
膨胀螺栓
钢制卷帘
装饰完成面

单轨防火卷帘节点图

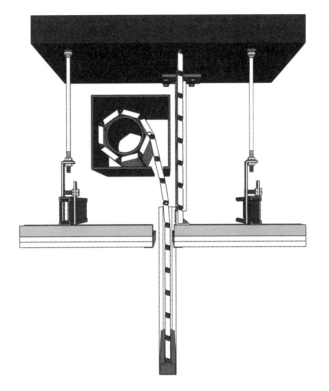

扫 / 码 / 观 / 看
"单轨防火卷帘"三维节
点动图

单轨防火卷帘三维示意图

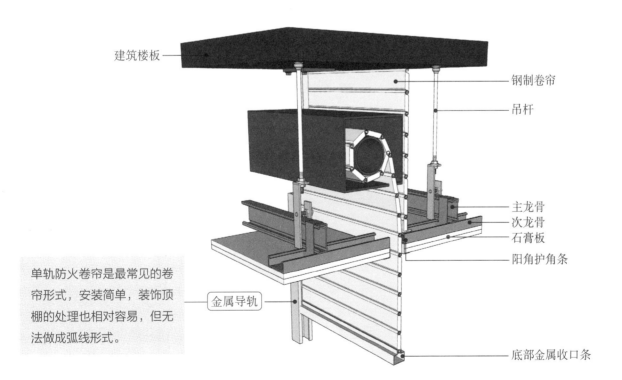

建筑楼板

钢制卷帘

吊杆

主龙骨
次龙骨
石膏板

阳角护角条

金属导轨

底部金属收口条

单轨防火卷帘是最常见的卷
帘形式，安装简单，装饰顶
棚的处理也相对容易，但无
法做成弧线形式。

单轨防火卷帘三维示意图解析

工艺解析

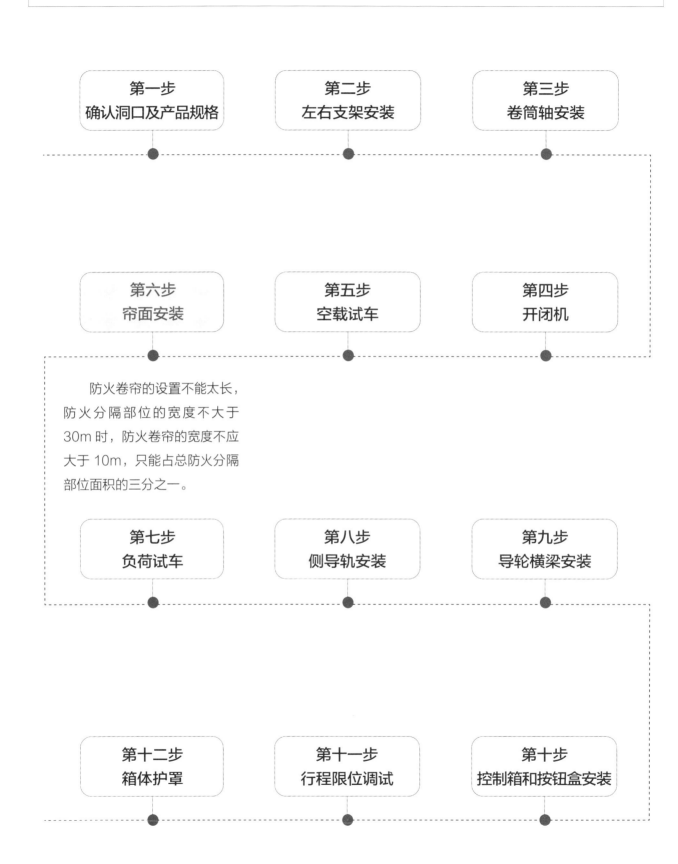

第一步
确认洞口及产品规格

第二步
左右支架安装

第三步
卷筒轴安装

第六步
帘面安装

第五步
空载试车

第四步
开闭机

　　防火卷帘的设置不能太长，防火分隔部位的宽度不大于30m 时，防火卷帘的宽度不应大于 10m，只能占总防火分隔部位面积的三分之一。

第七步
负荷试车

第八步
侧导轨安装

第九步
导轮横梁安装

第十二步
箱体护罩

第十一步
行程限位调试

第十步
控制箱和按钮盒安装

▶▶ **双轨无机布防火卷帘**

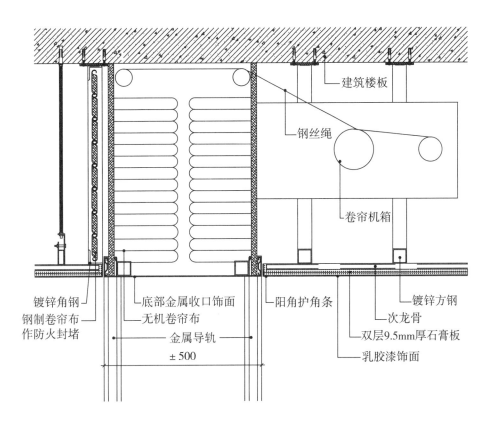

镀锌角钢
钢制卷帘布
作防火封堵

底部金属收口饰面
无机卷帘布

金属导轨
± 500

阳角护角条

镀锌方钢
次龙骨
双层9.5mm厚石膏板
乳胶漆饰面

建筑楼板

钢丝绳

卷帘机箱

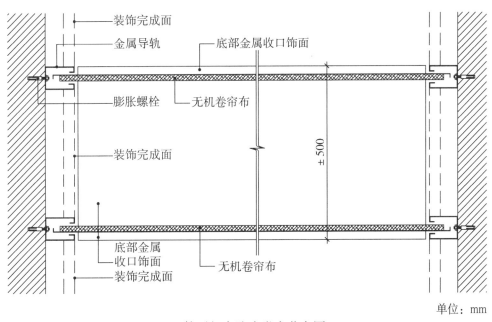

装饰完成面
金属导轨
底部金属收口饰面

膨胀螺栓   无机卷帘布

装饰完成面

± 500

底部金属
收口饰面
装饰完成面

无机卷帘布

单位：mm

双轨无机布防火卷帘节点图

261

扫 / 码 / 观 / 看
"双轨无机布防火卷帘"
三维节点动图

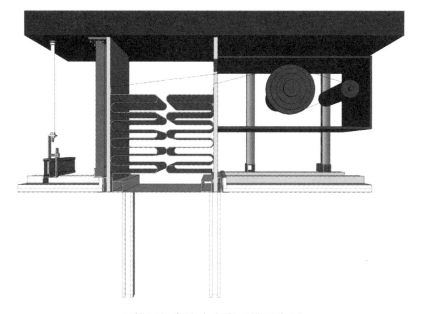

双轨无机布防火卷帘三维示意图

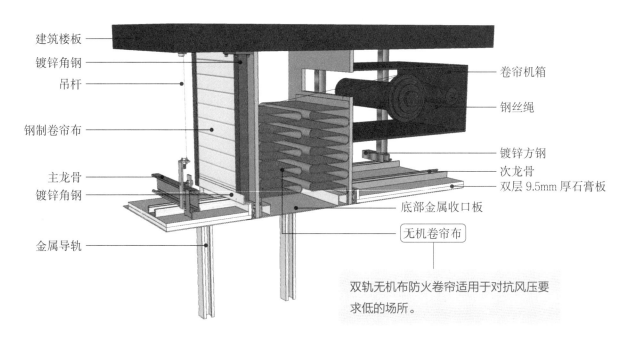

建筑楼板

镀锌角钢

吊杆

钢制卷帘布

主龙骨

镀锌角钢

金属导轨

卷帘机箱

钢丝绳

镀锌方钢

次龙骨

双层 9.5mm 厚石膏板

底部金属收口板

无机卷帘布

双轨无机布防火卷帘适用于对抗风压要
求低的场所。

双轨无机布防火卷帘三维示意图解析

工艺解析

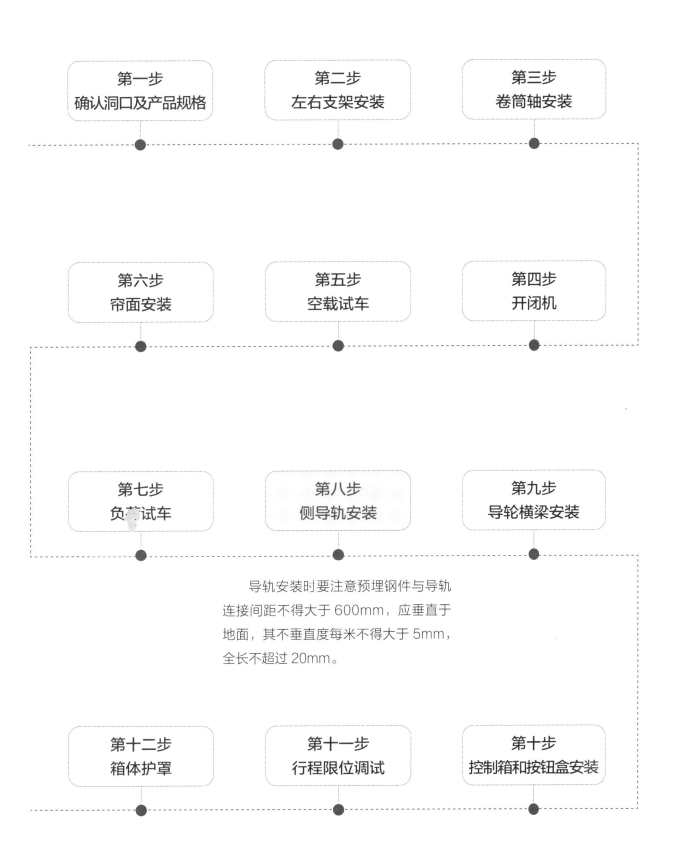

第一步
确认洞口及产品规格

第二步
左右支架安装

第三步
卷筒轴安装

第六步
帘面安装

第五步
空载试车

第四步
开闭机

第七步
负荷试车

第八步
侧导轨安装

第九步
导轮横梁安装

导轨安装时要注意预埋钢件与导轨连接间距不得大于 600mm，应垂直于地面，其不垂直度每米不得大于 5mm，全长不超过 20mm。

第十二步
箱体护罩

第十一步
行程限位调试

第十步
控制箱和按钮盒安装

7.11
嵌入式顶花洒

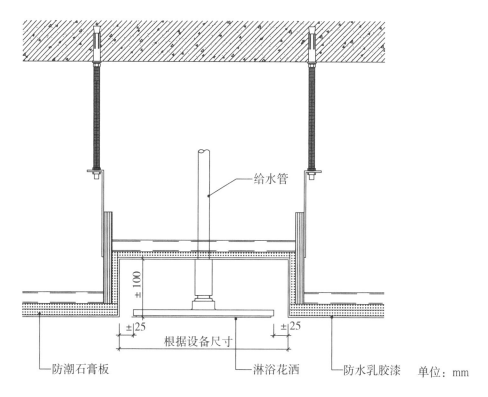

给水管

±100

±25   ±25
根据设备尺寸

防潮石膏板   淋浴花洒   防水乳胶漆   单位：mm

嵌入式顶花洒节点图

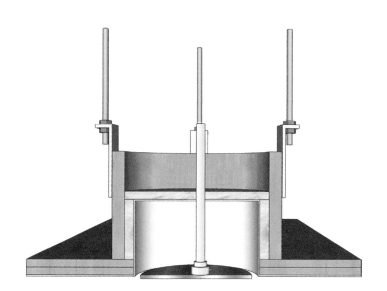

嵌入式顶花洒三维示意图

扫／码／观／看
"嵌入式顶花洒"三维节
点动图

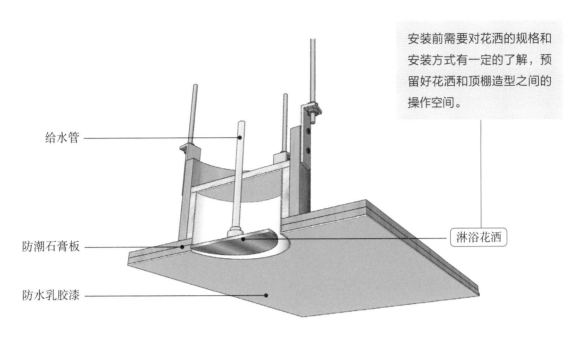

给水管

防潮石膏板

防水乳胶漆

安装前需要对花洒的规格和安装方式有一定的了解，预留好花洒和顶棚造型之间的操作空间。

淋浴花洒

嵌入式顶花洒三维示意图解析

工艺解析

在石膏板上根据给水管的位置和大小进行切割，保证水管的顺直，在石膏板表面涂刷防水涂料。

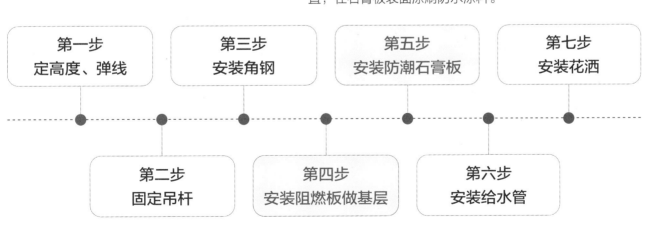

| 第一步 定高度、弹线 | 第三步 安装角钢 | 第五步 安装防潮石膏板 | 第七步 安装花洒 |

| 第二步 固定吊杆 | 第四步 安装阻燃板做基层 | 第六步 安装给水管 |

9mm 厚阻燃板在涂刷防水涂料三遍后用自攻螺丝将其与龙骨进行固定。

嵌入式顶花洒安装前需要提前把水管位置安排好，再进行封顶。嵌入式的形式将很多水管都隐藏在墙壁、顶棚中，使浴室更加整齐、有序。

嵌入式顶花洒实景效果图

7.12
升降投影仪

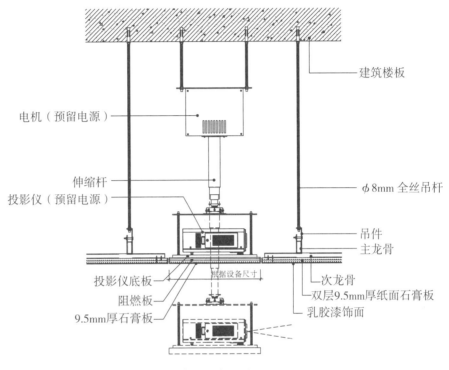

电机（预留电源）

伸缩杆
投影仪（预留电源）

投影仪底板
阻燃板
9.5mm厚石膏板

建筑楼板

φ8mm全丝吊杆

吊件
主龙骨

次龙骨
双层9.5mm厚纸面石膏板
乳胶漆饰面

根据设备尺寸

升降投影仪节点图

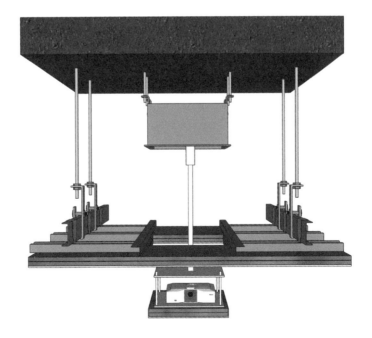

升降投影仪三维示意图

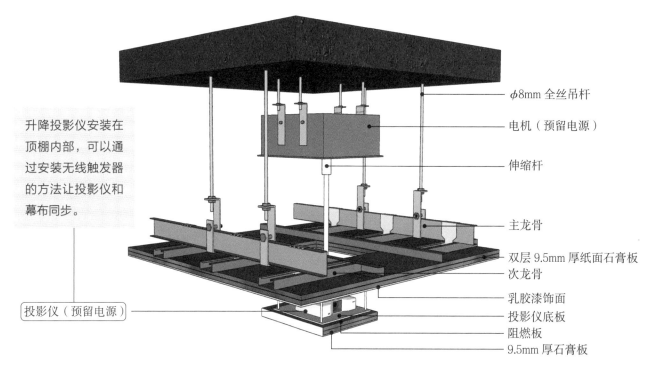

φ8mm 全丝吊杆

电机（预留电源）

伸缩杆

主龙骨

双层 9.5mm 厚纸面石膏板

次龙骨

乳胶漆饰面

投影仪底板

阻燃板

9.5mm 厚石膏板

升降投影仪安装在顶棚内部，可以通过安装无线触发器的方法让投影仪和幕布同步。

投影仪（预留电源）

升降投影仪三维示意图解析

工艺解析

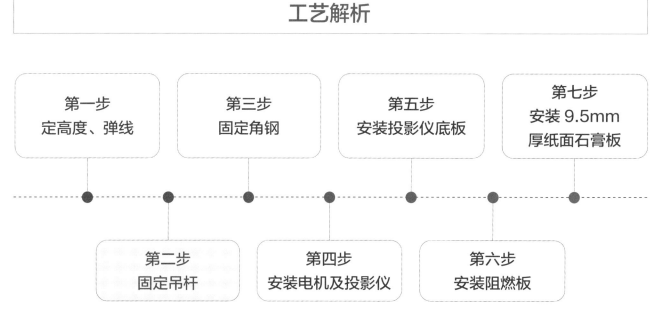

| 第一步 定高度、弹线 | 第三步 固定角钢 | 第五步 安装投影仪底板 | 第七步 安装 9.5mm 厚纸面石膏板 |

| 第二步 固定吊杆 | 第四步 安装电机及投影仪 | 第六步 安装阻燃板 |

吊杆的长度要根据升降投影仪的升降高度来决定，保证升降完成时，设备底面的石膏板与顶棚的石膏板相平。

可升降的投影仪不用时可以隐藏在顶棚内部，
将电线等不宜露出的设备全部隐藏起来。

升降投影仪实景效果图

7.13
暗装式投影幕布

▶▶ 暗装式投影幕布（靠墙）

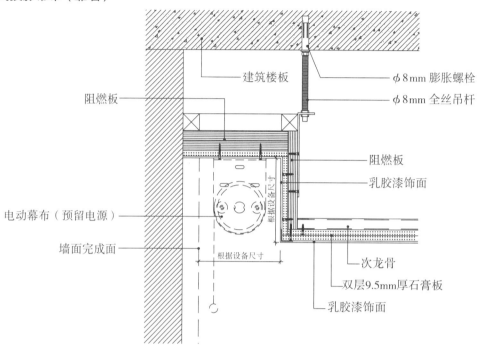

建筑楼板
阻燃板
电动幕布（预留电源）
墙面完成面
根据设备尺寸
根据设备尺寸

φ8mm 膨胀螺栓
φ8mm 全丝吊杆
阻燃板
乳胶漆饰面
次龙骨
双层9.5mm厚石膏板
乳胶漆饰面

暗装式投影幕布（靠墙）节点图

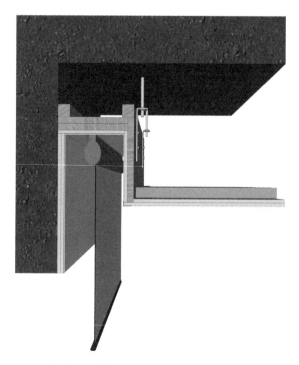

暗装式投影幕布（靠墙）三维示意图

扫／码／观／看
"暗装式投影幕布（靠
墙）"三维节点动图

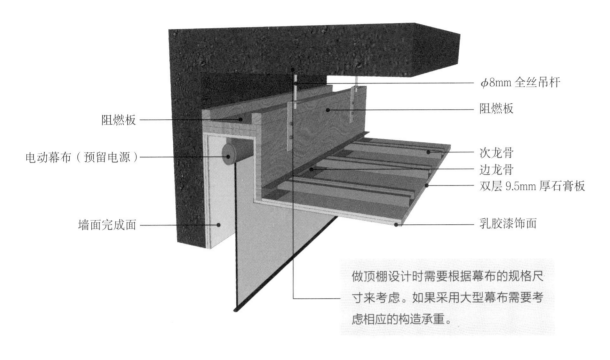

φ8mm 全丝吊杆

阻燃板

阻燃板

电动幕布（预留电源）

次龙骨
边龙骨
双层 9.5mm 厚石膏板

墙面完成面

乳胶漆饰面

做顶棚设计时需要根据幕布的规格尺寸来考虑。如果采用大型幕布需要考虑相应的构造承重。

暗装式投影幕布（靠墙）三维示意图解析

工艺解析

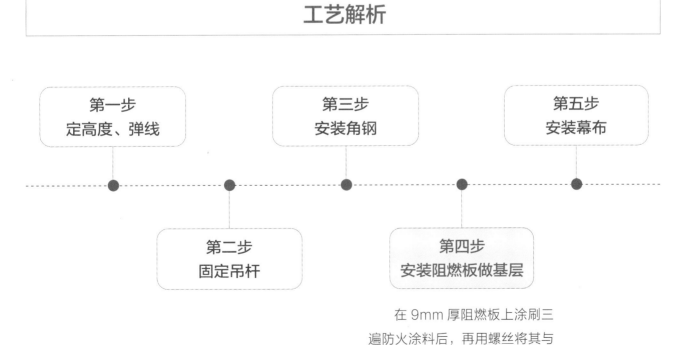

第一步
定高度、弹线

第三步
安装角钢

第五步
安装幕布

第二步
固定吊杆

第四步
安装阻燃板做基层

在 9mm 厚阻燃板上涂刷三遍防火涂料后，再用螺丝将其与角钢进行固定。

投影幕布靠墙处理，能够更加完美地将其
隐藏，与整体极简空间的风格更加贴合。

暗装式投影幕布（靠墙）实景效果图

▶▶ **暗装式投影幕布（居中）**

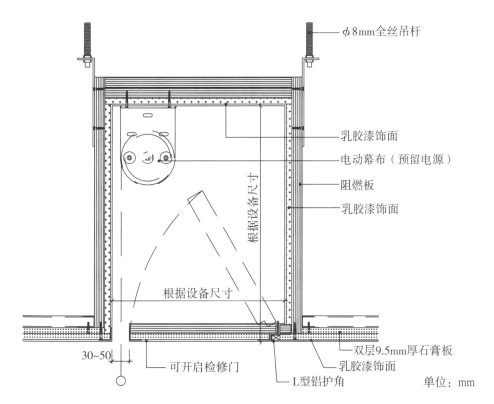

φ8mm全丝吊杆

乳胶漆饰面
电动幕布（预留电源）
阻燃板
乳胶漆饰面

根据设备尺寸

根据设备尺寸

30~50

可开启检修门

L型铝护角

双层9.5mm厚石膏板
乳胶漆饰面

单位：mm

暗装式投影幕布（居中）节点图

暗装式投影幕布（居中）三维示意图

扫 / 码 / 观 / 看
"暗装式投影幕布（居
中）"三维节点动图

※ 暗装式投影幕布（居中）的安装方式与暗装式投影幕布（靠墙）大致相同，只需要多加一面阻燃板进行加固即可，详细步骤请见第 7 章 7.13 第 271 页暗装式投影幕布（靠墙）中的工艺解析。

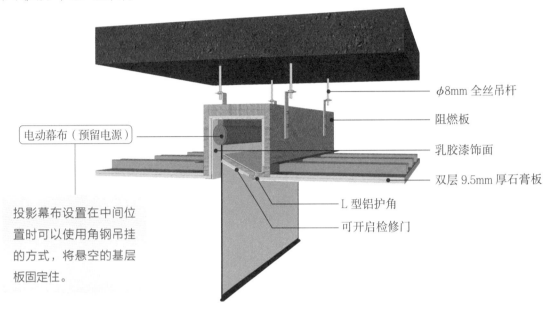

φ8mm 全丝吊杆

阻燃板

乳胶漆饰面

双层 9.5mm 厚石膏板

L 型铝护角

可开启检修门

电动幕布（预留电源）

投影幕布设置在中间位置时可以使用角钢吊挂的方式，将悬空的基层板固定住。

暗装式投影幕布（居中）三维示意图解析

居中的投影幕布不宜过于靠墙，以免因墙体的颜色而透在幕布上。

暗装式投影幕布（居中）实景效果图